Melle Ekane Maurice
Ekabe Quenter Mbinde

Consumo de animais selvagens e a doença do Ébola

Melle Ekane Maurice
Ekabe Quenter Mbinde

Consumo de animais selvagens e a doença do Ébola

SciienciaScripts

Imprint

Any brand names and product names mentioned in this book are subject to trademark, brand or patent protection and are trademarks or registered trademarks of their respective holders. The use of brand names, product names, common names, trade names, product descriptions etc. even without a particular marking in this work is in no way to be construed to mean that such names may be regarded as unrestricted in respect of trademark and brand protection legislation and could thus be used by anyone.

Cover image: www.ingimage.com

This book is a translation from the original published under ISBN 978-3-659-52333-5.

Publisher:
Sciencia Scripts
is a trademark of
Dodo Books Indian Ocean Ltd. and OmniScriptum S.R.L publishing group

120 High Road, East Finchley, London, N2 9ED, United Kingdom
Str. Armeneasca 28/1, office 1, Chisinau MD-2012, Republic of Moldova, Europe
Printed at: see last page
ISBN: 978-620-7-90801-1

QUADRO DE CONTEÚDO :

1

Consumo de carne de primata do mato: Uma fonte de risco de doença zoonótica na área de Tombel, região sudoeste, Camarões

Melle Ekane Maurice*[1] , Etane Sandrine Manyi[2] , Epie Laura Munge[2] , Ekabe Quenter Mbinde[3]

[1] Departamento de Ciências do Ambiente, Universidade de Buea, Camarões

Melleekane@gmail.com

RESUMO

Na África subsariana, o consumo de carne de primatas é considerado o principal fator de risco para o contacto entre o homem e a vida selvagem e para a transmissão de doenças zoonóticas, em particular para a transmissão de retrovírus símios. Apesar dos frequentes surtos de doenças zoonóticas decorrentes do consumo de carne de primata em algumas partes de África, muitos camaroneses continuam a considerar a carne de macaco como uma iguaria. O principal objetivo deste estudo foi investigar o comportamento de consumo de carne de macaco na zona de Tombel. O método de inquérito consistiu na administração de quinhentos e cinquenta questionários a uma população selecionada na área de estudo. Os resultados deste estudo mostraram que a classe etária e a sensibilização para a doença do Ébola estão significativamente relacionadas, $X^2 = 13,53$ df= 3 a P<0,05. Além disso, a faixa etária entre os 15 e os 25 anos tem o conhecimento mais elevado, 31,52%, sobre as zoonoses da doença do Ébola. O inquérito também registou uma correlação significativa entre o Género e a Consciência das doenças zoonóticas, $R^2 = 0,728$ a P < 0,05. Além disso, os inquiridos do sexo feminino registaram o maior conhecimento sobre a existência de zoonoses de primatas, 53,32%, enquanto os inquiridos do sexo masculino registaram 46,68%. O estudo mostrou que 75,88% dos inquiridos que consomem primatas estavam cientes de que as suas doenças são transmissíveis aos seres humanos, enquanto 24,12% não estavam cientes. Este estudo descobriu ainda que 82,75% dos inquiridos já tinham ouvido falar da doença do Ébola, enquanto 17,25% não tinham conhecimento da existência da doença do Ébola. Cerca de 69,22% dos inquiridos aceitaram consumir carne de macaco, enquanto 30,78% não aceitaram o seu consumo. O governo nacional dos Camarões poderá ter de criar empregos para desencorajar a caça e a armadilhagem de animais selvagens; assim, as campanhas de sensibilização pública para a conservação da vida selvagem aprofundariam a compreensão do custo da epidemia zoonótica de primatas decorrente do consumo de carne de animais selvagens.

Palavras-chave: Carne de animais selvagens de primatas, zoonoses, doença do Ébola, conservação da vida selvagem, sensibilização

INTRODUÇÃO

As doenças infecciosas emergentes dos animais representam ameaças significativas para a saúde humana à escala mundial. Os agentes zoonóticos causam cerca de 70% das doenças emergentes e reemergentes nos seres humanos, sendo os vírus ARN particularmente importantes (Jones *et al.*, 2008). medida que os seres humanos e a vida selvagem entram cada vez mais em contacto, os riscos de transmissão de agentes patogénicos aumentam em conjunto. Na África subsariana, a caça, o abate e o consumo de carne de animais selvagens são amplamente considerados como o principal fator de risco para o contacto entre humanos e animais selvagens e para a transmissão de vírus zoonóticos (Locatelli e Peeters, 2012). O vírus da imunodeficiência humana, a causa da SIDA, evoluiu a partir de vírus relacionados de primatas não humanos que entraram nas populações humanas através de múltiplos eventos zoonóticos como resultado da caça e do abate de animais selvagens na África Ocidental e Central (Locatelli & Peeters, 2012). Além disso, outros retrovírus passaram para as pessoas com o contacto com primatas em África, incluindo o vírus da espuma símia (SFV) e o vírus linfotrópico das células T símias (Wolfe & Switzer, 2009). No entanto, a caça e o abate de animais selvagens fazem parte de um espetro mais vasto de actividades na África Subsariana que põem pessoas e animais em contacto direto e potencialmente arriscado.

A urbanização e a crise económica nos países da bacia do Congo contribuem para a extensão da exploração florestal e, com base em valores culturais, para a caça de animais selvagens e para o desenvolvimento de um comércio informal de carne de animais selvagens (Kümpel *et al.* 2010). As estradas estabelecidas e mantidas pelas concessões de exploração madeireira intensificaram a caça, proporcionando aos caçadores um maior acesso a populações relativamente inexploradas de animais selvagens da floresta e reduzindo os custos dos caçadores para transportar a carne de animais selvagens para o mercado (Wilkie *et al.* 2000). Esta caça comercial ameaça muitas espécies animais, tais como macacos e grandes símios (Mbeté *et al.* 2007), duikers e o elefante da floresta, que estão todos a sofrer um declínio na Bacia do Congo (Bouche *et al.* 2010; Kümpel *et al.* 2010).

Enquanto a nossa própria espécie continua a expandir-se exponencialmente, as populações selvagens de primatas não humanos estão a atravessar uma crise global (Leakey e Lewin, 1995). Pensa-se que quase metade das duzentas e cinquenta espécies de primatas actuais são motivo de preocupação em termos de conservação em todos os noventa e dois países em que ocorrem (Rowe, 1996). Mais alarmante ainda é o facto de uma em cada cinco espécies de primatas estar classificada como ameaçada ou criticamente ameaçada pelo Grupo de Especialistas em Primatas da União Mundial para a Conservação da Natureza (IUCN), o que sugere a sua extinção viável nos próximos duzentos anos (CITES, 2002). A ameaça que as populações de primatas enfrentam não está distribuída de forma homogénea. Os resultados mostram uma forte correlação positiva, em todos os continentes, entre o risco de extinção e o crescimento da população humana (Wright e Jernvall, 1998). Verificou-se que os primatas em maior risco de extinção vivem em regiões onde o número de seres humanos excede 0,28 seres humanos por hectare (Wright e Jernvall, 1998). O consumo de proteínas, incluindo carne de vaca, carneiro, frango, carne de animais selvagens e ovos, foi estudado em Brazzaville por Ofouémé-Berton (1993), que descreveu os hábitos alimentares dos seus habitantes. No entanto, faltam dados sobre o consumo de carne de animais selvagens, especialmente os socioeconómicos. Muitos povos indígenas dependem da carne de primatas como a sua principal ou única fonte de proteínas. Por exemplo, no norte dos Camarões, a carne de animais selvagens fornece a mais de cinquenta por cento da população a sua principal fonte de proteína animal (CITES, 2002). Oates (2011) sugere que a principal ameaça para a maioria dos primatas das florestas tropicais é a imposta pelos seres humanos que os caçam para obter carne. Foram encontradas provas que sustentam esta afirmação para duas espécies de lémures "comestíveis" em Madagáscar. Há provas de que os caçadores mostram uma maior preferência por presas maiores (Bodmer, 1995). De acordo com a teoria do forrageamento ótimo, os animais de grande porte serão caçados em detrimento das espécies de pequeno porte, uma vez que a energia obtida com a captura será superior à utilizada durante a caça. Por conseguinte, a caça tende a ter efeitos extremamente prejudiciais para as espécies maiores de uma determinada área (Rigamonti, 1996). Oates (2011) sugere que bastariam alguns caçadores com espingardas de caça para levar uma população inteira de primatas de corpo relativamente grande à beira da extinção, como demonstrado pela recente erradicação do colobo vermelho em toda a sua área de distribuição. O facto de as espécies de grande porte tenderem a ter taxas de reprodução mais baixas e intervalos entre nascimentos mais longos exacerba os efeitos que a caça tem sobre elas (Menav, *et al.* 1999). Como resultado direto da caça discriminatória, as espécies de grande porte, tanto em África como em Madagáscar, estão em perigo de extinção (Wright e Jernvall, 1998). Os primatas discretos e de pequeno porte podem ser menos caçados por serem menos rentáveis e cada vez mais difíceis de encontrar. Por exemplo, o macaco de Campbell (*Cercopithecus Campbelli)* parece ser mais resistente à caça do que os outros guenons com os quais partilha a floresta, uma vez que é mais críptico na cor e mais pequeno no tamanho do corpo (Cowlishaw e

Dunbar, ´2000). Também se verificou que espécies secretas como o Aye-aye (*Daubentonia madgascaris*) e o lémure-anão (*Microcebus spp.)* são as únicas espécies de lémures não afectadas pela caça local (Ganzhorn *et al.,* 1997). Algumas espécies de Cercopithecine reduzem propositadamente os sons de alarme e escondem-se em arbustos densos em resposta a encontros humanos, de modo a serem mais discretos (Struhsaker, 1997).

As crenças culturais e religiosas influenciam a suscetibilidade de os primatas serem caçados para obtenção de carne. Por exemplo, a carne de gorila é também muito procurada em muitas partes de

África e parece ser de importância fundamental para uma série de eventos cerimoniais. O Bispo de Bertoua, nos Camarões, recebe regularmente mãos e pés de gorila em festividades, pois acredita-se que confere força e poder a quem a consome (Peterson e Ammann, 2003). Em contrapartida, os langures de Hanuman (*Semnopithecus entellus*) escapam às pressões da caça em Jodhpur, onde são considerados sagrados (Rowe, 1996). Em partes dos Camarões ocidentais, nos anos 60, todos os primatas, exceto os chimpanzés (*Pan troglodytes*), eram caçados porque se pensava que partilhavam demasiadas semelhanças com as pessoas (Struhsaker, 1997). Estas influências podem ter um grande peso na formação das comunidades de primatas; Kibale alberga uma grande diversidade de espécies de primatas, devido ao facto de a tribo local nunca os ter caçado (Struhsaker 1997). A caça de primatas não-humanos também representa uma ameaça para outras espécies de primatas. De facto, os elevados níveis de predação dos chimpanzés sobre os macacos colobus vermelhos levaram a uma redução do número de colobus para metade nos últimos vinte e cinco anos em Gombe (Struhsaker, 1997). Pensa-se que a predação por chimpanzés pode estar a amplificar as pressões de caça humana, contribuindo para levar o colobus vermelho à extinção local.

Uma grande ameaça à sobrevivência de muitos primatas são os caçadores profissionais que matam grandes quantidades de fauna selvagem para vender nos mercados internacionais e nacionais. Os abates em massa não dão tempo para que as populações recuperem e tornam a caça insustentável. Por exemplo, foi referido que na bacia do Congo os mamíferos têm de produzir anualmente noventa e três por cento da sua massa corporal para equilibrar as actuais taxas de extração. Sessenta por cento destes mamíferos são primatas (Fa e Peres, 2001). A carne de animais selvagens pode ser muito menos dispendiosa para os consumidores do que a carne doméstica, o que a torna uma compra atractiva, mantendo a procura elevada e as espécies caçadas para a carne de animais selvagens vulneráveis. Pensa-se que este comércio, por si só, pode representar a maior ameaça à sobrevivência de muitas populações de primatas na África Ocidental (Dunbar e Barrett, 2000). .

As partes dos primatas são comercializadas para fins medicinais, supersticiosos e ornamentais; os crânios dos chimpanzés são transportados abertos como uma taça durante os períodos de seca para encorajar a chuva (Peterson e Ammann, 2003). Embora a caça em pequena escala para uso pessoal não represente uma ameaça grave, é o enorme mercado global de partes do corpo de macacos e símios que tem um impacto nas densidades populacionais de primatas. Com o aumento do comércio de medicamentos tradicionais na China e na Ásia, devido a uma maior procura por parte de uma população humana em rápido crescimento, a situação parece estar a piorar para muitas espécies de primatas. O comércio de animais de estimação, troféus de caça e lembranças, como cinzeiros de mão de gorila, tapetes de pele e partes de corpo empalhadas, também ameaçam a extinção de vários primatas. Por exemplo, o enorme comércio de peles de colobus durante os finais de 1800 e novamente nos anos 70 pode estar diretamente relacionado com a atual ausência da espécie em partes da África Oriental (Cowlishaw e Dunbar, 2000). As cinco subespécies de gorila estão atualmente ameaçadas, em grande parte devido à caça para obtenção de partes do corpo (Rowe, 1996). Só nos Camarões são abatidos oitocentos indivíduos por ano. Devido ao seu grande tamanho e à sua lenta taxa de reprodução, é impossível que esta espécie recupere das fortes pressões da caça. A maior parte destas subespécies existe atualmente em pequenas populações isoladas, o que tem efeitos devastadores no número de indivíduos. Como resultado da caça, o gorila da montanha (*Gorilla gorilla beringei*) enfrenta atualmente a maior ameaça de extinção, existindo apenas numa pequena área em torno da fronteira entre o Uganda, o Ruanda e o Zaire, com apenas quatrocentos a seiscentos indivíduos restantes (Morgan, 2002).

Os Camarões são bem conhecidos pela sua riqueza em termos de espécies e populações de primatas. Infelizmente, nos últimos anos, a população de primatas tem enfrentado uma forte pressão de caça para consumo de carne de animais selvagens, apesar das restrições de conservação e da propagação de doenças zoonóticas dos primatas. Assim, o objetivo deste estudo foi examinar o comportamento dos habitantes de Tombel, uma zona conhecida pela sua riqueza em primatas, em termos de consumo de carne de animais selvagens.

MATERIAIS E MÉTODO

Descrição do local de estudo

Tombel está situada na região sudoeste dos Camarões. Situa-se entre a latitude 04° 16· e O5015' norte e a longitude 09oi3· e 0^15' leste. Situa-se na vertente ocidental da montanha Kupe, de onde provém o nome Kupe Muanenguba. Cobre uma superfície de 1007 Km² e tem uma população de 110 178 habitantes (Conselho de Tombel, 2010). O clima da subdivisão é de natureza tropical com precipitação na maior parte do ano. O município de Tombel tem um solo vulcânico que suporta uma floresta natural rica e uma grande variedade de culturas tropicais, tanto para consumo local como para exportação.

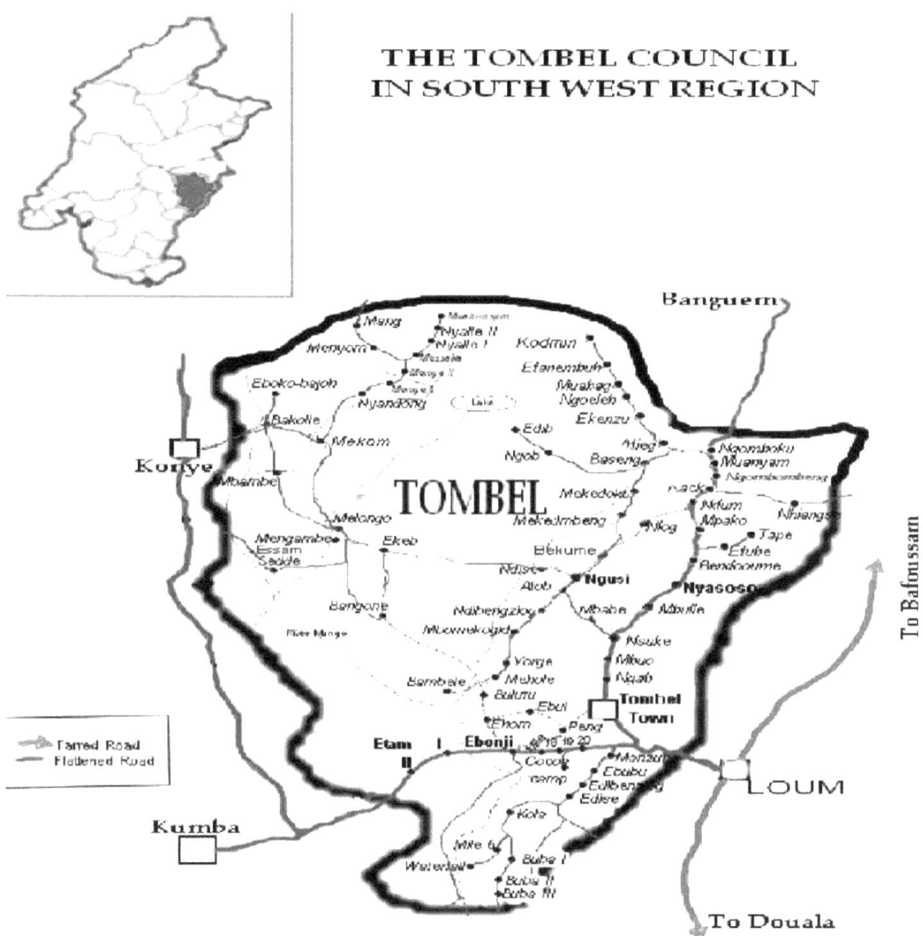

Figura 1: Mapa do Concelho de Tombel (Câmara Municipal de Tombel. 2010)

A estação das chuvas decorre de abril a setembro e a estação seca de outubro a março. O relevo é dominado pela montanha Kupe (2050m). O Kupe testemunha a presença de encostas gentílicas, vales profundos e alguns cursos de água sazonais, nomeadamente o "Esenze", que tem origem na montanha (Conselho de Tombel, 2010). O coberto vegetal natural de Tombel tem características semelhantes às da densa floresta tropical equatorial, albergando um vasto leque de variedades de recursos naturais. A floresta tropical em Tombel é rica em fauna e flora, mas está a enfrentar uma enorme pressão devido ao cultivo e à caça furtiva. A caça furtiva está a provocar a redução da população de espécies selvagens como o chimpanzé *(Pan troglodytes), o* broca *(Mandrillus Ieucophaeus),* o colobo vermelho *(Phylocolobus preussi), o* mangabeu *(Cercocebus torquatus),* o macaco da coroa

(*Cercopithecus pongonia*), macaco-prego (*Cercopithecus mona*), macaco-prego (*Cercopithecu spreussi*), macaco-prego (*Cercopithecus nictitans*), macaco-prego-de-orelha-vermelha (*Cercopithecus erythrotis*), macaco-prego (*Cercopithecus tantalus*), ratazana-do-banhado (*Thryonomys swinderianus*), ratazana-gigante (*Criceetomys spp.*), o porco-espinho (*Antherurus africanus*), a civeta-atricana (*Civettictis civetta*), o pangolim (*Manis spp*), o porco-do-mato (*Potamochoerus porcus*), o pato-vermelho (*Cephalophus spp.*), a *lagartixa* azul (*Cephalophus monticola*), a cobra preta (*Naja spp.*), o lagarto-monitor (*Veranus niloticus*), a pitão (*Python sebae*) e a víbora (*Bitis gabonica*) (Conselho Tombel, 2010).

Recolha e análise de dados

Os dados foram recolhidos no mês de maio de 2017, logo após a realização de um inquérito piloto para testar este método, a administração de questionários foi feita juntamente com a entrevista oral a 550 cinco habitantes de Tombel. Após a autorização concedida pelos administradores da cidade, chegou-se a um acordo para iniciar a administração dos questionários aos residentes por motivos confidenciais. No entanto, durante o processo de aplicação dos questionários, alguns dos inquiridos solicitaram um apoio financeiro, mas logo que lhes foi dado a entender que o estudo não tinha uma bolsa de investigação, recusaram o seu pedido. Em termos demográficos, foram considerados o género e a classe etária dos inquiridos. Além disso, os inquiridos foram questionados sobre se tinham conhecimento da existência de Ébola em alguns macacos e se comiam carne de animais selvagens Gavin *et al.* (2010). O trabalho foi efectuado com a ajuda de dois assistentes de campo locais. Os assistentes de campo ajudaram na tradução da comunicação em dialeto local entre o investigador e os inquiridos, sempre que necessário. A administração dos questionários e a entrevista oral foram efectuadas em cinco áreas diferentes escolhidas por amostragem e consideradas como tendo potencialmente mais variação nas opiniões e mais disponibilidade dos participantes. Os dados recolhidos junto dos inquiridos foram codificados de acordo com as diversas variáveis e organizados para análise informática através do programa SPSS versão 20.0. A análise destes dados incluiu a execução de estatísticas descritivas, tais como a distribuição de frequências, e os resultados são apresentados em tabelas e gráficos de pizza, enquanto a análise estatística inferencial efectuada utilizou o qui-quadrado e a análise de correlação.

RESULTADOS

Os resultados deste inquérito mostraram que a classe etária e o conhecimento da doença do Ébola estão significativamente relacionados $X^2 = 13,53$ df$= 3$ a $P < 0,05$ (fig. 2). A faixa etária dos 15-25 anos é a que tem mais conhecimentos sobre a doença do Ébola (31,52%). Este grupo etário é constituído pela população estudantil, que é curiosa e adquire conhecimentos a partir da leitura de notícias dos meios de comunicação social. Os novos conhecimentos adquiridos por este grupo etário através da leitura ajudam a construir a sua carreira e os seus sonhos futuros. O grupo etário dos 46-55 anos e acima dos 55 anos registou a menor consciencialização, 11,85% e 9,09%, respetivamente, neste inquérito. Este grupo etário parece estar mais preocupado com actividades geradoras de rendimentos, como o comércio, a agricultura e os serviços de escritório. A cultura de leitura de notícias dos meios de comunicação social e de livros didácticos pode estar a diminuir, pelo que o seu conhecimento sobre a doença do Ébola causada pelo consumo de carne de primatas é limitado.

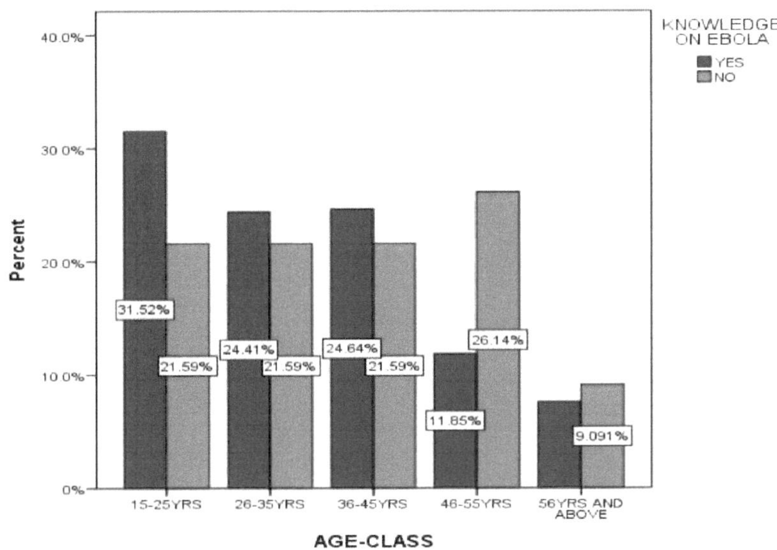

Fig.2: Classe etária e conhecimento da doença do Ébola

O inquérito registou uma correlação significativa entre o Género e a Consciência das doenças zoonóticas $R^2 = 0,728$ a $P < 0,05$ (fig.3). As mulheres inquiridas registaram o maior conhecimento sobre a existência de doenças zoonóticas de primatas, 53,32%, enquanto os homens registaram 46,68%. Esta diferença de conhecimentos pode dever-se ao facto de as crenças tradicionais de longa data estarem mais enraizadas nos homens do que nas mulheres. A maioria dos homens pode acreditar que a sua herança tradicional de origem ancestral os protege de se tornarem vítimas destas infecções. Também afirmam frequentemente que a investigação e a alegação de que algumas das doenças humanas descendem dos macacos não são verdadeiras. Por outro lado, uma mulher camaronesa média de hoje pode não partilhar facilmente essa opinião devido ao seu maior zelo na aquisição de novos conhecimentos e na assimilação da cultura ocidental.

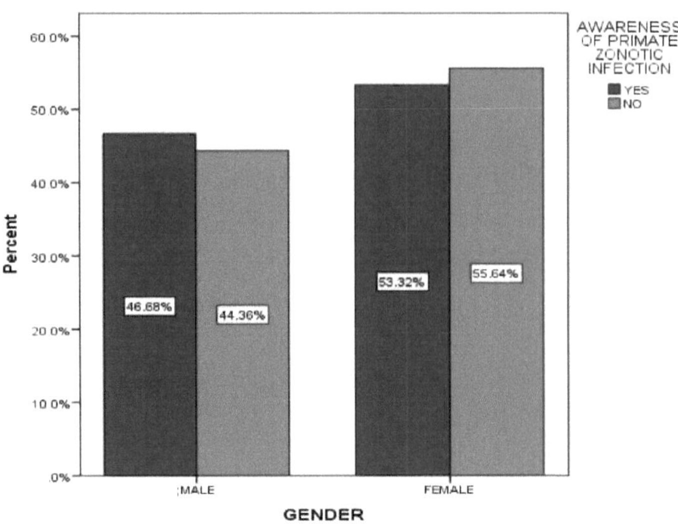

Fig.3: O género e a sensibilização para as doenças zoonóticas

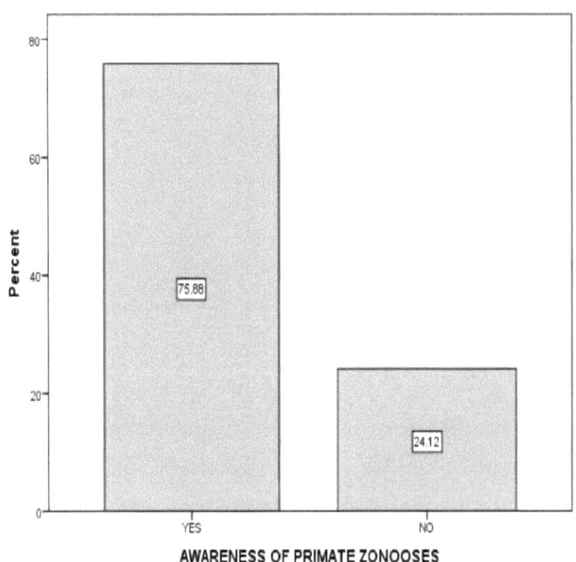

Fig. 4: Sensibilização para as doenças zoonóticas dos primatas

O estudo mostrou que 75,88% dos inquiridos que consomem primatas estão conscientes de que as suas doenças são transmissíveis aos seres humanos, enquanto 24,12% não estão conscientes (fig.4). Quando se perguntou a alguns dos inquiridos por que razão consomem primatas, mesmo sabendo que podem contrair doenças a partir deles, disseram que a pobreza extrema os deixou com muito pouca ou nenhuma escolha a não ser comer os macacos como principal fonte de proteínas. A maioria das pessoas que consomem carne de macaco do mato afirmou que as fontes de carne doméstica, como o gado, o peixe, a cabra, o cavalo e o porco, não são frequentemente acessíveis. O governo estatal não tem sido capaz de subsidiar eficazmente a criação de animais nos Camarões, como acontece com outros países da África subsariana, como o Quénia, a Etiópia, a Bósnia e a África do Sul. A subvenção governamental concedida aos jovens interessados na criação de animais também serve como fonte de emprego e reforça a economia local para as pessoas. No entanto, a caça e o abate de animais selvagens é um mecanismo fundamental - embora não o único - através do qual as populações humanas entram em contacto com reservatórios de doenças, incluindo o vírus Ébola, que circulam na natureza. Uma vez que o vírus Ébola pode permanecer viável em carcaças não tratadas durante 3 a 4 dias, existe o risco de ser transportado para os mercados de carne de animais selvagens (embora não haja provas disso até à data). No entanto, o risco de transmissão do Ébola na carne de animais selvagens para a Europa ou os EUA é extremamente baixo, dado o tempo total de viagem e o facto de estas carcaças serem normalmente fumadas (o que provavelmente inativa o vírus).

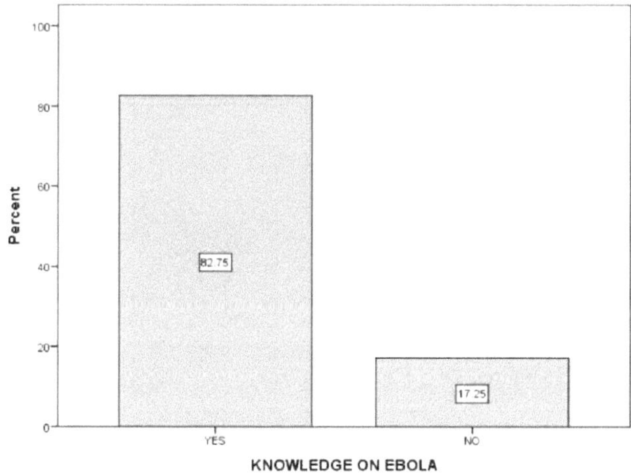

Fig. 5: O conhecimento sobre a existência da doença do Ébola

Neste inquérito, descobriu-se que 82,75% dos inquiridos já ouviram falar da doença do Ébola dos macacos, enquanto 17,25% não têm conhecimento da existência do Ébola. Os residentes da zona de Tombel acreditam que esta doença não pode ser transmitida dos macacos para os seres humanos, e a afirmação científica de que a doença dos macacos chamada Ébola pode ser transmitida aos seres humanos não é possível. Alguns dizem mesmo que consomem esta carne de macaco desde que

11

nasceram e que, até à data, não contraíram qualquer infeção por Ébola. Outros dizem que é a bruxaria que dá pelo nome de Ébola. A crença de que o Ébola existe nos macacos é derrotada pela descrença de que possa ser transmitido aos seres humanos. O estudo também descobriu que algumas pessoas não ouviram falar da existência da doença do Ébola. As equipas de sensibilização enviadas para as cidades dos Camarões para educar os habitantes das aldeias locais sobre esta doença em particular, e a sua transmissão aos seres humanos a partir do consumo de carne de macaco, não chegaram realmente às pessoas em áreas remotas, provavelmente mais vulneráveis à infeção.

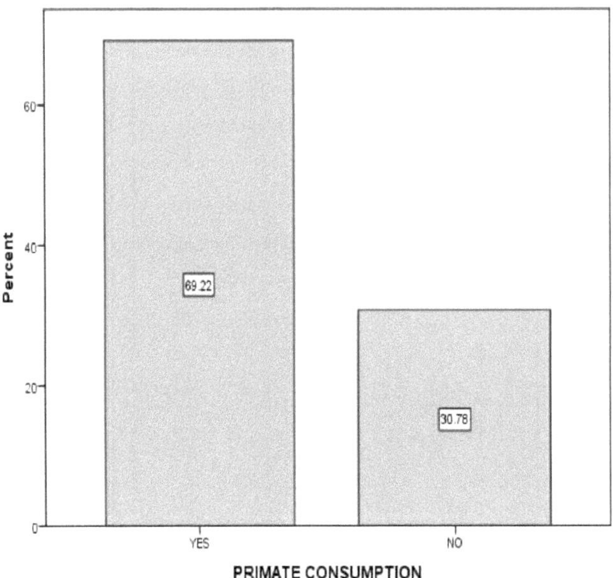

Fig. 6: O consumo de carne de primatas

Cerca de 69,22% dos inquiridos admitiram que consomem carne de macaco, enquanto 30,78% não a consomem (fig. 6). A população consumidora de carne de macaco do mato em Tombel parece estar a diminuir porque os macacos já são escassos para caçar ou armadilhar. Os que afirmam não consumir carne de macaco admitiram que eram consumidores regulares quando esta era facilmente acessível. Em segundo lugar, as autoridades governamentais responsáveis pela gestão da vida selvagem e das florestas parecem ser a razão pela qual algumas pessoas têm medo de consumir a carne de macaco do mato. Durante este estudo, descobriu-se que quase todas as autoridades de conservação entrevistadas aceitaram que consomem os primatas, mas apenas aqueles que não estão em perigo e que estão destinados à conservação pelo governo nacional. Até ao último surto, acreditava-se que tinham morrido mais grandes símios (gorilas e chimpanzés) do que humanos devido ao Ébola, e o vírus é uma grande ameaça à conservação destas espécies ameaçadas. Embora os primatas não devam necessariamente ser destacados como apresentando um risco particularmente elevado de transmissão do Ébola às pessoas (28 espécies de 6 ordens de mamíferos, incluindo roedores, carnívoros e cetartiodáctilos, foram associadas ao Ébola, uma vez que se sabe que adoecem com a doença, é provável que desenvolvam cargas virais elevadas que podem ameaçar a saúde pública (Swanepoel *et al.* 2004). Para além do Ébola, uma vez que os seres humanos e outros primatas estão intimamente relacionados, existe um maior risco de transmissão cruzada de doenças em geral (vírus da imunodeficiência símia (SIV) em chimpanzés e mangabeis fuliginosos que se transformam em VIH nos seres humanos). Tal como acima referido, o principal risco é para as pessoas que abatem e manuseiam animais infectados, especialmente um animal doente com sinais de doença. A perda de floresta para a agricultura, e outras formas de desenvolvimento, aumenta o contacto entre o homem e a vida selvagem e oferece o potencial para que doenças zoonóticas anteriormente contidas se adaptem a novos ambientes antropogénicos (alastramento zoonótico quando os animais domésticos são criados em áreas recentemente limpas e actuam como hospedeiros de ligação ou amplificadores, como ocorreu com o aparecimento do vírus Nipah na Malásia). No entanto, o aumento do acesso a florestas intactas (por exemplo, através da construção de estradas para o abate de árvores) pode apresentar um risco mais elevado de propagação (Swanepoel *et al.* 2004). Até à data, a maioria dos surtos de Ébola ocorreram em zonas com elevados níveis de cobertura florestal, como a República Democrática do Congo, a República do Congo e o Gabão, mas foram contidos devido à baixa densidade populacional humana e à sua localização remota. A entrada de pessoas em zonas florestais, sobretudo para actividades de alto risco como a caça, aumenta o risco de uma pessoa infetada exportar a doença a partir da floresta, com a consequente transmissão de pessoa para pessoa e, por conseguinte, a deteção de surtos (Swanepoel *et al.* 2004).

DISCUSSÃO

As áreas protegidas e as zonas florestais constituem habitats importantes para a vida selvagem (Vermeulen e Doucet 2006, Poulsen *et al.* 2009), mas esta é cada vez mais ameaçada pela caça. De facto, a carne de animais selvagens continua a ser a principal fonte de proteínas animais para as pessoas que vivem perto das florestas e também contribui significativamente para a dieta das pessoas que vivem em áreas urbanas (East *et al.* 2005). Em África, a elevada densidade populacional humana e de primatas na zona pode ser motivo de preocupação, especialmente tendo em conta resultados como os de Switzer *et al.* (2012), que sugerem que a simples entrada em habitats de primatas pode facilitar a transmissão de retrovírus zoonóticos. O potencial de infeção zoonótica pode assim afetar os residentes que vivem perto de habitats de primatas e que não se envolvem em práticas que seriam consideradas de risco de acordo com o "paradigma da carne de animais selvagens". As pessoas que vivem em comunidades de fragmentos dependem dos recursos recolhidos no interior do fragmento para apoiar os seus meios de subsistência e como amortecedor da incerteza económica (Naughton-Treves 2011). Portanto, o papel do fragmento florestal é crítico para o seu bem-estar e subsistência, mas pode simultaneamente colocar os indivíduos em risco de infecções zoonóticas.

Os resultados deste estudo revelaram que os habitantes da área de Tombel ainda não parecem ver nenhuma boa razão para não consumir carne de macaco e herdaram uma tradição ancestral de longa data. O facto de a situação de pobreza destas pessoas ainda não ter sido resolvida pelo governo através de subsídios para a criação de animais e de emprego, a caça e a armadilhagem dos macacos selvagens para obtenção de carne de animais selvagens continua a ser um modo de vida e uma fonte de subsistência. As estatísticas de investigação mostram que a África Subsariana é rica em vida selvagem. Em particular, as regiões florestais da África Central e Ocidental têm um elevado nível de extração e dependência de carne selvagem, uma vez que as fontes alternativas de proteínas são limitadas e ainda existem algumas faunas relativamente intactas que podem suportar níveis elevados de consumo. Na Ásia, pelo contrário, há comparativamente mais peixes marinhos disponíveis e as populações de animais selvagens estão esgotadas em muitas áreas (Vermeulen e Doucet 2006). Na América Latina, o gado doméstico e o peixe são mais amplamente consumidos, embora o comércio de carne de animais selvagens seja mais significativo do que geralmente se supõe. A população de Brazzaville estudada parece heterogénea e caracterizada por uma grande diversidade étnica, com hábitos alimentares variados. Nesta perspetiva, todos os grupos étnicos mostraram uma grande propensão para o consumo de carne de animais selvagens, perto de 94%. Em Brazzaville, a carne de animais selvagens constitui assim uma contribuição significativa na dieta (Poulsen *et al.* 2009, East *et al* 2005). O consumo de carne de animais selvagens estava estreitamente associado a valores culturais enraizados. Parece que o apego da maioria dos chefes de família a esta dieta de animais selvagens se deve às ligações subjacentes existentes entre os consumidores urbanos de carne de animais selvagens e a sua origem geográfica. Willcox e Nambu (2007) e Schenck *et al.* (2006), também descobriram que outras populações urbanas da Bacia do Congo continuam apegadas à sua dieta tradicional. O consumo de carne de animais selvagens envolveu uma grande proporção de todos os crentes religiosos. No entanto, os chefes de família animistas, embora em minoria, eram os maiores consumidores de carne de animais selvagens. Este facto corrobora um relatório anterior de Noumonvi Cossi (2003) em Libreville.

Nos Camarões, a carne de animais selvagens é uma fonte de proteínas e em alguns locais, como as zonas remotas, está quase a substituir a carne doméstica, que nem sempre é acessível. Assim, o desejo de consumir carne de animais selvagens explica-se essencialmente pelas suas qualidades orgânicas e pelos hábitos sociais dos consumidores (Poulsen *et al.* 2009 e East *et al.* 2005). O inquérito revelou que os artiodáctilos são os mais preferidos, seguidos dos roedores e depois dos primatas. A menor frequência de consumo de primatas, recentemente observada nos agregados familiares de Brazzaville, deve-se provavelmente ao respeito por muitos tabus alimentares e à ocorrência de doenças emergentes, como a febre hemorrágica viral (Ébola), que pode afetar os consumidores de grandes símios (Leroy *et al* 2004). Esta observação sugere que o aparecimento de doenças zoonóticas constitui um poderoso travão psicológico ao consumo de primatas. Atualmente, devido à redução do risco de contrair a doença para a qual existe uma maior sensibilização, a reticência em relação ao consumo de primatas é muito menor. As preocupações dos consumidores, com exceção do risco de gota, resultante do consumo de carne durante um longo período de tempo, e de outras doenças (exceto o Ébola), estão sobretudo ligadas às condições de conservação e de transporte da carne de animais selvagens que não estão em conformidade com as normas de higiene exigidas (Bahuchet 2000).

A população dos Camarões ainda não parece acreditar que existe uma ligação transmissível do Ébola aos seres humanos a partir dos primatas. Muitas pessoas nos Camarões afirmam que, quando a carne é bem cozinhada, qualquer vestígio de doença zoonótica que o animal transporta desaparece automaticamente. Além disso, ainda acreditam em manter macacos de estimação nas suas casas para serem alimentados com banana e outros frutos maduros. Em 2003, um surto congolês de Ébola-Zaire matou 114 dos 128 seres humanos que o contraíram (Rizkalla *et al.* 2007). Por volta da mesma altura, 600-800 gorilas das planícies ocidentais (*Gorilla g. gorilla*), que representavam dois terços da população local, desapareceram do Santuário de Gorilas de Lossi, nas proximidades (Le Gouar *et al.* 2009). O contacto com primatas contaminados constitui um risco importante de infecções virais nos seres humanos. Uma diminuição do consumo de primatas tem o potencial de reduzir a probabilidade de tal ocorrência (Wolfe *et al.* 2004). Noutros casos, o estudo mostrou que a sobrevivência ou a persistência de proibições ou tabus alimentares pode, em certa medida, limitar o consumo de espécies cujo número de habitantes é naturalmente inferior. É o caso, nomeadamente, dos gorilas das planícies e dos macacos, cujo desaparecimento das florestas de África constituiria uma perda tanto para a cultura como para o ecossistema (Kuehl *et al.* 2009 e Mbeté *et al.* 2007). Nesta perspetiva, no oeste de Madagáscar, tabus e aversões fortes limitavam o consumo de porcos domésticos, porcos do mato, cabras, lémures e morcegos Iruit (Randrianandrianina *et al* 2010). No entanto, Vermeulen (2000), relatou que os tabus alimentares nunca impediram a captura de animais selvagens. O papel dos tabus é principalmente mostrar o lugar de um indivíduo dentro do seu grupo social, e não proteger as espécies em causa, que continuam a ser vendidas nos mercados.

A caça a um nível sustentável pode revelar-se uma estratégia de conservação eficaz para muitas espécies. No entanto, relatórios recentes sugerem que as actuais taxas sustentáveis de captura de gorilas e chimpanzés podem ser de apenas 1% e 4%, respetivamente (Peterson e Ammann, 2003). Por conseguinte, para os primatas, a caça sustentável pode não ser uma opção realista. Em resultado da diminuição do ambiente natural, calculou-se que poderão ocorrer novas perdas de diversidade de primatas nos próximos vinte a cinquenta anos (Struhsaker, 1997). Se as previsões forem exactas, as espécies de primatas terrestres de grande porte, altamente conspícuas e especializadas, que habitam áreas propensas à degradação do habitat, são as que mais provavelmente se perderão primeiro. Embora as crenças religiosas, culturais e tradicionais protejam certas espécies das pressões de caça, as opiniões e atitudes pessoais das pessoas em relação aos primatas irão, além disso, moldar o futuro das suas comunidades. No entanto, ao longo da história, a humanidade tem influenciado de forma decisiva a diversidade e a distribuição das espécies de primatas e continuará a fazê-lo enquanto coexistirem. Em última análise, é o ritmo a que a população humana continua a crescer, combinado com a resistência específica de cada espécie às pressões antropogénicas, que decidirá o futuro das restantes populações de primatas.

CONCLUSÃO

Este estudo revelou que os habitantes de Tombel são muito adeptos do consumo de carne de macaco, apesar de a maioria deles já ter ouvido falar do surto de Ébola na África Ocidental. A verdade é que algumas pessoas aqui parecem nem sequer acreditar que a alegação da transmissão da doença do Ébola dos macacos para os seres humanos seja possível. Outros são da opinião de que a alegação de infeção por Ébola a partir dos primatas é utilizada pelas autoridades de conservação da vida selvagem para os desencorajar de consumir carne de animais selvagens, especialmente os macacos, que são mais acessíveis aos caçadores e caçadores, uma vez que são diurnos e se encontram frequentemente à volta das terras agrícolas onde comem as colheitas dos agricultores. No entanto, a prática da agricultura de subsistência nesta zona parece não trazer grandes benefícios hoje em dia, devido ao aumento do nível de vida, em segundo lugar, os certificados académicos já não dão origem a empregos de escritório, levando estas pessoas a dependerem mais dos recursos da floresta tropical. O desemprego e os pesados impostos sobre as empresas a todas as escalas nos Camarões parecem ser, sem dúvida, a principal razão para a situação de pobreza em espiral e, consequentemente, para a dependência da carne de macaco da floresta tropical, mesmo sabendo alguns muito bem que podem não estar a salvo de doenças zoonóticas. Para inverter esta situação, o governo nacional dos Camarões precisa de baixar os impostos sobre as empresas e até de renunciar a alguns. Isto geraria emprego e atrairia investimento estrangeiro para o país. A população jovem, que parece dominar a caça de animais selvagens, diminuiria e, consequentemente, o consumo de primatas. Este método de conservação da vida selvagem é a única solução e salvação para a vulnerabilidade das doenças zoonóticas dos primatas para a população humana em Tombel e noutras partes dos Camarões.

REFERÊNCIA

Bahuchet S. 2000. A filière viande de brousse. In : Bahuchet S. (eds), Les peuples des forêts tropicales d'aujourd'hui : Abordagem temática do programa Avenir des Peuples des Forêts Tropicales (APFT). *Layout et production* : Bruxelles, vol. II, 331-363.

Bodmer, R. E. *1995*. Gerenciando a vida selvagem da Amazônia: correlatos biológicos da escolha de caça por caçadores designados. Ecological Applications 5:872-877.

Bouche P., Renaud P.C., Lejeune P., Vermeulen C., Froment J.M., Bangara A., Fiongai O., Abdoulaye A., Abakar R. e Fay M. 2010. Terá começado a contagem decrescente para a extinção da vida selvagem no Norte da República Centro-Africana? Jornal Africano de Ecologia. Publicação Blackwell (Eds.),pp. 1-10

CITES (2002). Bushmeat Working Group Report, julho de 2002. a href="http://www.cites.org/esp/prog/BWG/0107_wg_report.shtml">http://www.cites.org/esp/pro g/BWG/0107_wg_report.shtml

Cowlishaw G, Dunbar R (2000) Primate conservation biology, The University of Chicago Press, Chicago

Dunbar, R. & Barrett, L. (2000) *Cousins - our primate relatives*. BBC World Wide Ltd, Londres, Reino Unido.

East T., Kümpel N.F., Milner-Gulland E.J. e Marcus Rowcliffe J. 2005. Determinants of urban bushmeat consumption in Rio Muni, Equatorial Guinea. Conservation Biology 126 (2): 206-215.

Fa, J. E., e C. A. Peres. 2001. Extração de vertebrados cinegéticos em florestas africanas e neotropicais: uma comparação intercontinental. Pages 203-241 in J. D. Reynolds, G. M. Mace, J. G. Robinson, and K. H. Redford, editors. Conservation of exploited species. Cambridge University Press, Cambridge.

Gavin, M.C., Solomon, J.N. & Blank, S.G. (2010) Measuring and monitoring illegal use of natural resources. Conservation Biology. [Online] 24 (1), 89-100. Disponível em: doi:10.1111/j.1523-1739.2009.01387.x.

Ganzhorn, J. U., Langrand, O., Wright, P. C., O'Conner, S.,Rakotasamimanana, B., Feistner, A. T. C. & Rumpler, Y. (1997) The state of lemur conservation in Madagascar. In: *Primate Conservation* 1996/1997 (Fa & Peres, 2000): 70-86.

Jones KE, Patel NG, Levy MA, Storeygard A, Balk D, Gittleman JL, (2008). Tendências globais das doenças infecciosas emergentes. Nature. 2008;451:990-993.

Kuehl H. S., Nzeingui C., Yeno S. L-D., Huijbregts B., Boesch C. e Walsh P.D. 2009. Discriminação entre caça de macacos em aldeias e caça comercial. Biological Conservation 142 (7): 1500-1506.

Kümpel N.F., Milner-Gulland E.J., Cowlishaw G. e Rowcliffe J.M. 2010. Incentives for Hunting: The Role of Bushmeat in the Household Economy in Rural Equatorial Guinea. Human Ecology 38 (2):251-264.

Le Gouar P.J., Vallet D., David L., Bermejo M., Gatti S., Levrero F., Petit E. J. e Ménard N. 2009. How Ebola Impacts Genetics of Western Lowland Gorilla Populations (Como o Ébola Impacta a Genética das Populações de Gorilas das Terras Baixas Ocidentais). PLoS One 12(4): e8375.

Leakey, R. & Lewin, R. (1995) *The Sixth Extinction*. Doubleday. Em: a href="www.well.com/user/davidu/sixthextinction.html">www.well.com/user/davidu/sixthextinction.html

Leroy E.M., Rouquet P., Formenty P., Souquière S., Kilbourne A., Froment J.M., Bermejo M., Smit S., Karesh W., Swanepoel R., Zaki S.R., Rollin P.E. 2004. Múltiplos eventos de transmissão do vírus Ébola e rápido declínio da fauna selvagem da África Central. Science 303 (5656): 387-390.

Locatelli S, Peeters M. (2012) Transmissão inter-espécies de retrovírus símios: como e porquê podem levar ao aparecimento de novas doenças na população humana. AIDS. 2012;26:659- 73.

Mbeté R.A., Banga-Mboko H., Njikam Nsangou I., Joiris Daou V. e Leroy P. 2007. Gestion participative du sanctuaire de gorilles de plaine de l'Ouest (*Gorilla gorilla gorilla*) de Lossi en République du Congo-Brazzaville. Primeira análise dos resultados e das limitações. Tropicultura 25(1) : 44-50.

Menav, P., Stallings, J. R., Regaldo, B. B. & Cueva, R. (1999). A sustentabilidade das atuais práticas de caça dos Huarani. In: Robinson & Bennett (1999). Hunting for sustainability in Tropical Forests (Caça para sustentabilidade em florestas tropicais). Columbia University Press, Nova York.

Morgan, J. (2002) Western Lowland Gorilla. Em: Site da Fundação Gerard Durrell.

Naughton-Treves N, Alix-Garcia J, Chapman CA (2011). Lessons about parks and poverty from a decade of forest loss and economic growth around Kibale National Park, Uganda. Actas da Academia Nacional de Ciências. 2011;108:13919-13924.

Noumonvi Cossi G.R. 2003. Enquêtes sur la consommation de viande de brousse dans les ménages de Libreville (Gabon). Mémoire de DES en gestion des ressources animales et végétales en milieux tropicaux, orientation gestion de la faune. Universidade de Liège, Bélgica. 50p.

Oates, J. F. 2011. Primates of West Africa: Um Guia de Campo e História Natural Conservation International, Arlington, VA

Ofouémé-Berton Y. 1993. Identificação dos comportamentos alimentares dos agregados familiares congoleses de Brazzaville: Stratégie autour des plats. In Muchnick, Alimentation, techniques et innovations dans les régions chaudes. Paris: l'Harmattan 167-174.

Peterson, D. & Ammann, K. (2003) *Eating Apes*. University of California Press, EUA.

Poulsen J.R., Clark C.J., Mavah G. e Elkan P.W. 2009. Bushmeat Supply and Consumption in a Tropical Logging Concession in Northern Congo (Fornecimento e consumo de carne de animais selvagens numa concessão madeireira tropical no norte do Congo). Conservation Biology 23 (6): 1597-1608.

Randrianandrianina F.H., Racey P.A. e Jenkins R.K.B. 2010. Caça e consumo de mamíferos e aves por pessoas em áreas urbanas do oeste de Madagáscar. Oryx 44: 411-415.

Rigamonti M.M (1996). Lémure vermelho (*Varecia variegate rubra*) : uma espécie rara das florestas tropicais de Masoala. Lemurnews 2: 9-11

Rizkalla C., Blanco-Silva F. e Gruver S. 2007. Modeling the Impact of Ebola and Bushmeat Hunting on Western Lowland Gorillas. EcoHealth 4 (2): 151-155.

Rowe, N. (1996) *The Pictorial Guide to Living Primates*. Pogonias Press. Rhode Island, EUA.

Schenck M., Effa-Nsame E., Starkey M., Wilkie D., Abernethy K., Telfer P., Godoy R. e Treves A. 2006. Why People Eat Bushmeat: Results From Two-Choice, Taste Tests in Gabon, Central Africa. Human Ecology 34 (3): 433-445.

Struhsaker TT (1997). Ecology of an African rain forest : logging in Kibale and the conflict between conservation and exploitation. Gainesville: University Press of Florida; 1997.

Swanepoel, S. R. Zaki, e P. E. Rollin. 2004. Multiple Ebola virus transmission events and rapid decline of central African wildlife. Science 303:387 - 390.

Switzer WM, Tang S, Ahuka-Mundeke S, Shankar A, Hanson DL, Zheng H,(2012). Novas infecções por vírus espumoso símio de várias espécies de macacos em mulheres da República Democrática do Congo. Retrovirologia. 2012;9:100. doi: 10.1186/1742-4690-9-100.

Conselho de Tombel (2010). Relatório do Conselho Tombel

Vermeulen C. 2000. O fator humano na gestão dos espaços florestais em África central e florestal. Application aux Badjoué de l'Est-Cameroun (Tese de doutoramento). Faculdade Universitária de Ciências Agronómicas de Gembloux. Bélgica. 385p.

Vermeulen C. e Doucet J.L. 2006. Stratégies nouvelles et recomposition sociale autour de la faune dans le Bassin du Congo. Base 10 (3): 251-257.

Wilkie D.S., Shaw E., Rotberg F., Morelli G. e Auzel P. 2000. Roads, development, and conservation in the Congo basin (Estradas, desenvolvimento e conservação na bacia do Congo). Conservation

Biology 14: 1614-1622.

Willcox A.S. e Nambu D.M. 2007. Wildlife hunting practices and bushmeat dynamics of the Banyangi and Mbo people of Southwestern Cameroon. Biological Conservation 134 (2): 251261.

Wolfe ND, & Switzer WM (2009). Primate Exposure and the Emergence of Novel Retroviruses (Exposição de Primatas e o Surgimento de Novos Retrovírus). In: Huffman MA, Chapman CA, editores. Primate Parasite Ecology: The Dynamics and Study of Host-Parasite Relationships. Cambridge: Cambridge University Press; 2009. pp. 353-70. Cambridge Studies in Biological and Evolutionary Anthropology [Estudos de Cambridge em Antropologia Biológica e Evolutiva].

Wolfe N.D., Switzer W.M., Carr J.K., Bhullar V.B., Shanmugam V., Tamoufe U., Prosser A.T., Torimiro J.N., Wright A., Mpoudi-Ngole E., Mc Cutchan F.E., Birx D.L., Burke D.S., Heneine W. 2004. Infeção por retrovírus símio adquirida naturalmente em caçadores da África Central. Lancet British edition 363(9413): 932-937

Wright, P. & Jernvall, J. (1998) O futuro das comunidades de primatas: Um reflexo do presente?

Em: Falk, D. (2000).

O consumo de carne de animais selvagens em Tombel, Região Sudoeste, Camarões

Melle Ekane Maurice*[1] , Etane Sandrine Manyi[2] , Ekabe Quenter Mbinde[2]

[1] Departamento de Ciências do Ambiente, Universidade de Buea, Camarões

Melleekane@gmail.com

RESUMO

A carne de animais selvagens é uma importante fonte de proteínas e de rendimento para os habitantes locais de Tombel. Com o rápido crescimento da população humana nos Camarões, a exploração da vida selvagem para a obtenção de carne de animais selvagens está a tornar-se insustentável e a ameaçar tanto a existência das populações de animais selvagens como a subsistência das pessoas que dela dependem. O objetivo deste estudo foi examinar alguns comportamentos dos residentes de Tombel sobre o consumo de carne de animais selvagens. No decurso do estudo, foram administrados cerca de quinhentos e cinquenta questionários às pessoas da cidade de Tombel e das suas aldeias vizinhas. O estudo mostrou uma significância nas Razões e no Consumo Sazonal de carne de animais selvagens em Tombel, $X^2 = 24,3$ df= 2 a P<0,05, e $R^2 = 0,715$ a P<0,05 respetivamente. Houve maior disponibilidade de carne de animais selvagens na estação seca 51,8% do que na estação húmida 48,4%. A tradição de apanhar e caçar animais selvagens para obter carne de animais selvagens é facilitada pelo solo de floresta seca da zona ecológica do monte Kupe. Para além disso, houve uma significância entre a Profissão e a Consciência das leis de conservação da fauna bravia $X^2 = 14.5$ df = 3 a P<0.05. Além disso, este estudo revelou que, apesar do conhecimento das leis de restrição da fauna bravia, a população de Tombel - 28,3% de trabalhadores de escritório, 27,8% da classe empresarial, 26,8% de agricultores e 17,2% da população estudantil - parece não ser afetada pelo reforço das restrições governamentais à fauna bravia. A diminuição da taxa de caça e armadilhagem vai aumentar a escassez de fauna bravia e, por conseguinte, desencorajar o consumo de carne de animais selvagens. Assim, recomenda-se ao governo nacional que crie empregos para os jovens, de modo a que a gestão da fauna bravia na floresta do monte kupe seja eficaz.

Palavras-chave: Carne de animais selvagens, caça, restrições à vida selvagem, floresta, exploração

INTODUÇÃO

A carne selvagem, ou carne de animais selvagens, constitui uma fonte importante de proteínas para as populações das florestas tropicais em todo o mundo (Wilkie e Carpenter 1999; Bennett *et al.* 2007). Na bacia do Congo, estima-se que a carne selvagem contribua com 30 a 80% da ingestão de proteínas para as pessoas que vivem na floresta (Koppert *et al.* 1996). Nas zonas rurais com fraco acesso aos mercados, os animais selvagens constituem frequentemente o tipo mais barato e por vezes o único tipo de proteína animal disponível (Starkey 2004). No entanto, a colheita excessiva pode afetar a sobrevivência de algumas espécies, especialmente as de grande porte e de reprodução lenta (Bakarr *et al.* 2001; Fa *et al.* 2002). Os padrões de extinção de espécies foram bem documentados numa grande variedade de ilhas e para vários grupos taxonómicos (Sax *et al.* 2002). Embora a maioria das extinções em ilhas tenha sido atribuída a ameaças como a predação por espécies exóticas (Blackburn *et al.* 2004, Sax e Gaines 2008), sabe-se que a caça causou a extinção da fauna nativa em ilhas oceânicas de todo o mundo (Fitzpatrick e Keegan 2007).

Grande parte da investigação atual sobre a carne de animais selvagens em África centra-se na África Ocidental e Central, e mostrou que muitas das conclusões de outras áreas também se aplicam a esta região, tais como: a importância da carne de animais selvagens como fonte de rendimento (De Merode, *et al.* 2004) e fonte de proteínas (Vega *et al,* 2013); a falta de sustentabilidade das taxas de colheita (Barnes, 2002); o impacto da carne de animais selvagens no declínio das espécies (Brashares *et al,* 2004); e as diferenças de consumo entre os mercados urbanos e rurais (Jenkins *et al,* 2011). Apesar da diferença de ecossistema entre as florestas principalmente tropicais da África Ocidental e Central e a savana, os estudos mostraram algumas semelhanças, como os centros urbanos que impulsionam a comercialização da carne de animais selvagens (Lindseyet *al,* 2013) e a dependência da população rural da carne de animais selvagens para alimentação e rendimento (Knapp, 2012). No entanto, a natureza migratória de muitos dos herbívoros maiores encontrados na África Oriental significa que algumas conclusões são exclusivas da área, como o pico de caça na estação seca que coincide com a chegada de espécies migratórias (Holmern *et al.* 2007). Estas diferenças ecológicas fundamentais significam que é essencial explorar o contexto da carne de animais selvagens numa área antes de conceber intervenções para a combater, sendo apenas possível alguma extrapolação dos resultados de estudos baseados em contextos ecológicos diferentes.

A falta de animais domésticos e de peixe é generalizada na África Ocidental e Central. Uma investigação sobre o impacto da riqueza e dos preços na carne de animais selvagens e no consumo de proteínas alternativas no Gabão revelou que o aumento dos preços da carne de animais selvagens levou a um menor consumo de carne de animais selvagens e a um aumento do consumo de peixe, o que implica que ambos eram substitutos da dieta (Wilkie *et al.,* 2005). Uma maior riqueza foi um fator de previsão significativo do consumo de carne, embora isto tenha sido mais pronunciado quando os agregados familiares pobres tiveram pequenos aumentos de riqueza. Os agregados familiares podem decidir se vendem ou consomem uma determinada espécie, em que se alcança um equilíbrio entre a utilidade marginal do consumo e os benefícios líquidos perdidos que teriam resultado de uma venda (Damania *et al.,* 2005). Muitos dos habitantes mais pobres guardam habitualmente apenas as cabeças e os intestinos da carne para consumo familiar, mas vendem as carnes mais desejáveis para maximizar os lucros. A cadeia de mercadorias da carne de animais selvagens pode envolver caçadores profissionais e semi-profissionais, a carne de animais selvagens como fonte adicional de rendimento, e caçadores de subsistência que caçam para uso pessoal (Cowlishaw *et al.*, 2005). Se não for consumida pelo agregado familiar do caçador ou dada como presente, a cadeia urbana de mercadorias do comércio de carne de animais selvagens pode envolver pessoas que transportam a carne, grossistas, pessoas que vendem a carne no mercado, e proprietários de chopbar (café) e restaurantes, juntamente com os seus empregados que servem carne de animais selvagens aos clientes. As mulheres estão fortemente envolvidas no transporte e venda de carne de animais selvagens. A criação de animais domésticos, animais selvagens e peixes tem de ser economicamente viável para representar uma opção atractiva; mesmo assim, tem de fazer parte de uma abordagem multifacetada, se o objetivo for reduzir significativamente a pressão sobre as populações de animais selvagens (Mockrin *et al.*, 2005). A introdução de alternativas proteicas para diminuir a procura de carne de animais selvagens tem de ter em conta as preferências de gosto locais, as tradições culturais e as circunstâncias políticas. Antes de defender alternativas proteicas como alternativas à carne de animais selvagens numa região, os inquéritos aos agregados familiares podem determinar se as fontes alternativas de proteínas podem substituir a carne de animais selvagens.

Entre as espécies de carne de animais selvagens consumidas nos Camarões, algumas constam da Lista Vermelha de Espécies Ameaçadas da IUCN (Anonyme, 2010), devido ao nível de abate descontrolado na Bacia do Congo. Os mamíferos em risco incluem *Pan paniscus, Pan t. troglodytes, Gorilla g. gorilla*, diversos pequenos macacos dos complexos de espécies do género *Cercopithecus* e *Loxodonta cyclotis*. O réptil mais ameaçado pelo comércio de carne de animais selvagens é o crocodilo anão, *Osteolaemus tetraspis* (Bene-Bene *et al* 2007; Wright & Priston 2010). Este facto decorre também de outras práticas ilegais, como a utilização tradicional e comercial da pele de crocodilo e do marfim de elefante (Chardonnet, 1995). No entanto, a carne destes animais também é consumida quando disponível. Esta situação deve-se ao aparecimento da caça comercial que visa satisfazer a procura dos mercados urbanos, mas também à falta de pessoal e à inadequação dos meios financeiros e materiais dos responsáveis pela gestão da fauna bravia (De Merode *et al.* 2007, Bennett *et al.* 2007). Para reduzir a pressão da caça sobre a fauna, é necessário estudar as medidas de controlo e de gestão da caça, tendo em conta a época de reprodução. Deverá envolver efetivamente as populações locais e autóctones na gestão sustentável das áreas protegidas.

A carne de animais selvagens provém principalmente de espécies selvagens, essencialmente mamíferos, incluindo espécies menos sensíveis à pressão, que devem, no entanto, ser exploradas de forma racional. Nos Camarões, o consumo das três ordens mais apreciadas, artiodáctilos, roedores e primatas, foi motivado essencialmente pelas suas qualidades orgânicas e pelos hábitos sociais dos consumidores (Mbete *et al.* 2010). Se os habitantes de Brazzaville forem autorizados a consumir carne de animais selvagens nos níveis actuais, é provável que a vida selvagem diminua e acabe por desaparecer. As medidas de conservação devem ter em conta o interesse da população pela carne de animais selvagens e, por conseguinte, promover a criação de espécies domésticas e a criação de animais cujos produtos de carne possam ser considerados "selvagens" pela população (gazela-azul, búfalo da floresta, porco-do-mato-vermelho, porco-espinho-africano e rato da cana). Este tipo de criação de animais de caça já existe na bacia do Congo, onde a ratazana da cana é vendida a preços muito competitivos.

As florestas Guineo-Congolianas da África Ocidental e Central estão atualmente a sofrer um 'boom' na caça à carne de animais selvagens (Barnes 2002). Esta prática tradicional evoluiu para uma atividade comercial em grande escala devido ao rápido crescimento da população humana, às mudanças socioeconómicas, ao desenvolvimento de infra-estruturas e às melhorias tecnológicas (Bennett & Robinson 2000). Uma grande variedade de vertebrados terrestres é consumida como carne de animais selvagens, sendo que os ungulados, roedores e primatas constituem a maioria (Fa e Bell 2005). O nível atual de colheita é considerado insustentável; as estimativas sugerem que a extração de fauna bravia está a ocorrer a mais de 6 vezes a taxa sustentável (Bennett & Robinson 2000; Bennett 2002). A cultura de longa data de caça e armadilhagem da fauna bravia é o principal fornecedor de carne de animais selvagens no mercado, assim, o objetivo deste estudo foi examinar alguns dos comportamentos dos habitantes de Tombel sobre o consumo de carne de animais selvagens.

MATERIAIS E MÉTODO

Descrição do local de estudo

Tombel está localizada na região sudoeste dos Camarões. Situa-se entre as latitudes 04°16' e 05°15' norte e as longitudes 09°13' e 09°15' leste. Situa-se na vertente ocidental da montanha Kupe, de onde provém a divisão do nome Kupe Muanenguba. Cobre uma superfície de 1007 Km^2 e tem uma população de cerca de 110 178 habitantes (T.C, 2010). O clima da subdivisão é típico da natureza tropical, com temperaturas quentes durante todo o ano, chuvas abundantes, que, juntamente com solos ricos, suportam uma floresta natural rica e uma grande variedade de culturas tropicais, tanto para consumo local como para exportação.

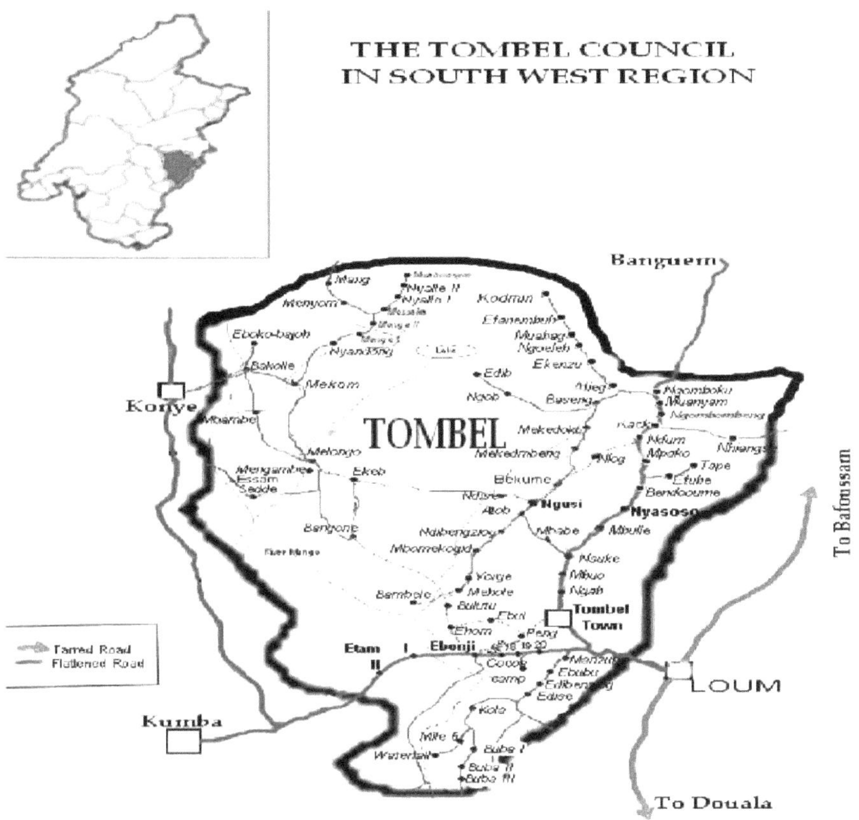

Figura 1: Mapa do Município de Tombel (Fonte: Câmara Municipal de Tombel, 2010)

A estação das chuvas decorre de abril a setembro e a estação seca de outubro a março. O solo do município de Tombel é extremamente fértil, composto por cinzas vulcânicas. Kupe testemunha a presença de encostas gentílicas, vales profundos e alguns cursos de água sazonais, nomeadamente o "Esenze", que tem origem no monte Kupe. A cobertura vegetal natural na aldeia de Kupe tem características semelhantes às da densa floresta tropical equatorial, albergando uma grande variedade de recursos naturais (T.C 2010). A área é muito rica em fauna e flora. Simultaneamente, o tipo de método de agricultura praticado nesta zona transformou uma parte da floresta num tipo de savana. Existe uma grande floresta em redor da cidade de Tombel, mas o desaparecimento da floresta está a provocar a redução da população de espécies selvagens como o chimpanzé *(Pan troglodytes), o* broca *(Mandrillus Ieucophaeus)*, o colobo vermelho (*Phylocolobus preussi), o* mangabeu *(Cercocebus torquatus), o* corvo

Macaco *(Cercopithecus pongonia), macaco mona (Cercopithecus mona), macaco* Preuss

(*Cercopithecus spreussi*), macaco de nariz empinado (*Cercopithecus nictitans*), *macaco de orelhas* vermelhas (*Cercopithecus erythrotis*), tântalo (*Cercopithecus tantalus*), ratazana da cana (*Thryonomys swinderianus*), ratazana gigante (*Criceetomys spp.*), o porco-espinho (*Antherurus africanus*), a civeta africana (*Civettictis civetta*), o pangolim (*Manis spp*), o porco-do-mato (*Potamochoerus porcus*), o pato-vermelho (*Cephalophus spp.*), o Duiker Azul (*Cephalophus monticola*), a Cobra Preta (*Naja spp.*), o Lagarto Monitor (*Veranus niloticus*), a Pitão (*Python sebae*) e a Víbora (*Bitis gabonica*) (T.C 2010).

Recolha e análise de dados

Os dados foram recolhidos no mês de maio de 2017, logo após a realização de um inquérito piloto para testar este método, a administração de questionários foi feita juntamente com a entrevista oral a quinhentos e cinquenta habitantes de Tombel. Estes instrumentos foram utilizados para recolher dados quantitativos e qualitativos para salvaguardar o objetivo de triangulação e complementação. Uma vez que a questão da carne de animais selvagens está a tornar-se mais sensível para as autoridades de gestão da vida selvagem nos Camarões, foi utilizada uma abordagem de método misto para triangular as conclusões, tal como recomendado por Gavin *et al.* (2010). O trabalho foi efectuado com a ajuda de dois assistentes de campo locais. Os assistentes de campo ajudaram na tradução da comunicação em dialeto local entre o investigador e os inquiridos, sempre que necessário. A administração dos questionários e a entrevista oral foram efectuadas em cinco áreas diferentes escolhidas por amostragem e consideradas como tendo potencialmente mais variação nas opiniões e mais disponibilidade dos participantes. Os dados quantitativos e qualitativos recolhidos junto dos inquiridos foram codificados de acordo com as diversas variáveis e organizados para análise informática através do programa SPSS versão 20.0. A análise destes dados incluiu a execução de estatísticas descritivas, tais como a distribuição de frequências e os resultados apresentados em tabelas e gráficos de pizza, enquanto a análise estatística inferencial efectuada utilizou modelos de qui-quadrado e de correlação.

RESULTADOS

O estudo mostrou na figura 2 e na figura 3 uma significância entre os Motivos e o Consumo Sazonal de carne de animais selvagens em Tombel, $X^2 = 24.3$ df= 2 a P= 0.000, e $R^2 = 0.715$ a P< 0.05 respetivamente. Além disso, houve uma significância entre a Profissão e a Consciência das leis de conservação da vida selvagem $X^2 = 14.5$ df= 3 a P < 0.05 (fig.4). Houve maior disponibilidade de carne de animais selvagens na estação seca 51,8% do que na estação húmida 48,4%. A tradição de apanhar armadilhas e caçar animais selvagens para obter carne de animais selvagens parece ter sido facilitada pelo solo seco da floresta da zona ecológica do monte Kupe. Durante este período, a fauna bravia preocupa-se mais com os seus trilhos em direção aos rios, riachos e nascentes, um comportamento bem compreendido pelos caçadores e caçadores furtivos. A caça e a armadilhagem da fauna bravia concentram-se mais nestas áreas onde os animais são facilmente predados. Esta é a principal razão para o aumento da disponibilidade de carne de animais selvagens na área de Tombel. Mas durante a estação chuvosa a fauna bravia parece não ter uma área alvo específica para caçar e apanhar armadilhas, em segundo lugar, a chuva impede muitos caçadores e apanhadores de explorarem a floresta ao máximo. Isto parece reduzir a população de animais selvagens mortos para os consumidores de carne de animais selvagens.

Os trabalhadores de escritório em Tombel são instruídos e parecem ter um comportamento de leitura mais do que quaisquer outros habitantes profissionais da área. A sua capacidade de ter um conhecimento mais elevado sobre as leis de conservação da fauna bravia 28,26% deve-se ao facto de terem mais acesso a jornais e livros onde lêem sobre as leis de conservação da fauna bravia (fig.4). Sabe-se que Tombel tem uma população relativamente alta de professores das escolas primárias e secundárias que formam a maior parte dos trabalhadores profissionais na área.

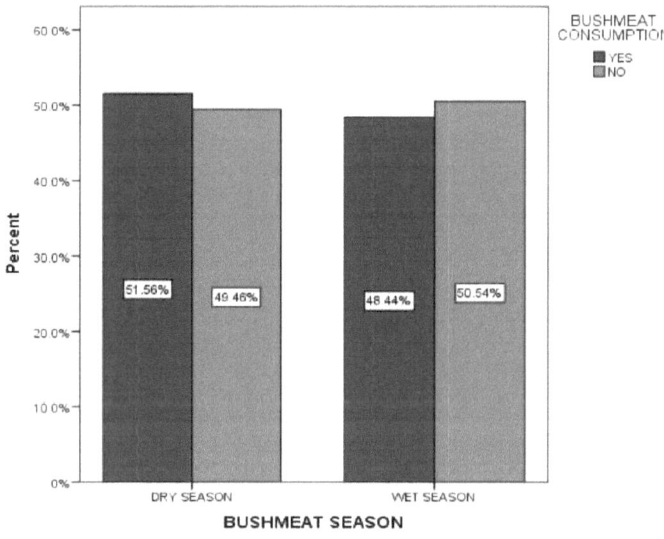

Fig 2: **Época de consumo de carne de animais selvagens**

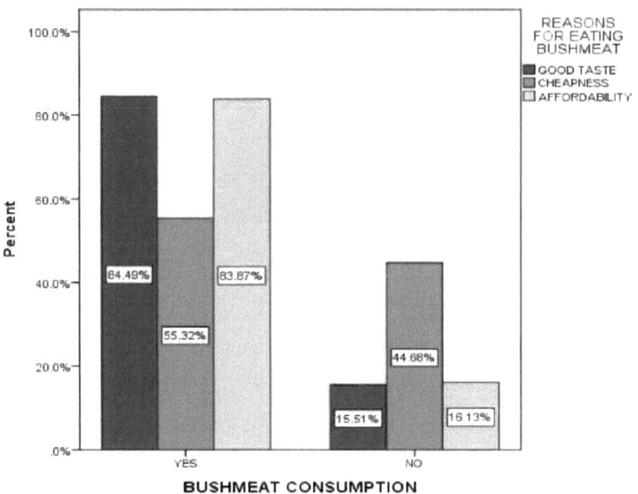

Fig 3: Motivos do consumo de carne de animais selvagens

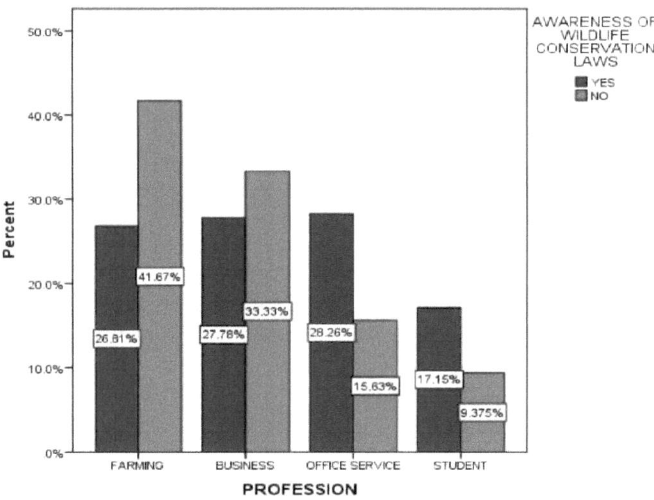

Fig 4: Profissão e sensibilização para as leis de conservação da vida selvagem

DISCUSSÃO

A carne de animais selvagens é conhecida como uma importante fonte de proteínas e de rendimento em muitas áreas dos trópicos, onde muitas vezes existem poucas alternativas. No entanto, devido ao aumento da população humana, essa exploração está a tornar-se insustentável e a ameaçar tanto a existência de populações de animais selvagens como os meios de subsistência das pessoas que delas

28

dependem. Embora as causas da redução das populações de fauna bravia sejam muito bem compreendidas, é muitas vezes difícil agir com base nesse conhecimento, devido à complexa gama de factores em interação. A concentração da biodiversidade encontra-se nos trópicos, uma área onde vivem muitas das pessoas mais pobres do mundo. Esta justaposição significa que muitas pessoas nos trópicos dependem diretamente dos recursos naturais para a sua sobrevivência (USAID, 2006; Kalaba & Dougill, 2013) e, com o aumento da população (Banco Mundial, 2014a), os recursos estão a ser explorados de forma insustentável. Os resultados deste inquérito mostraram que a carne de animais selvagens é uma fonte de alimento, 84,5% em termos de sabor, 83,9% em termos de acessibilidade e 55,3% em termos de preço (fig.2). Todos os habitantes de Tombel parecem ter um desejo de comer carne de animais selvagens, apesar das restrições impostas pelo Governo nacional à caça ilegal e à caça furtiva. A escassez crescente de carne de animais selvagens no mercado de Tombel pode não se dever apenas às restrições e proibição governamentais de espécies selvagens ameaçadas de extinção, mas também à elevada procura do seu consumo. A carne de animais selvagens é uma importante fonte de alimento para as pessoas nos países em desenvolvimento (Fa & Meeuwig, 2002; Rentsch & Damon, 2013) e uma valiosa fonte de proteínas e gorduras em muitas dietas rurais (Bennett & Robinson, 2000); as estimativas de consumo de carne de animais selvagens para as bacias do Amazonas e do Congo situam-se em mais de 5 milhões de toneladas de carne anualmente, ou 282,3g/pessoa/dia. A importância da carne de animais selvagens como fonte de alimento para as populações rurais é igualada pela sua importância como fonte de rendimento (De Merode, *et al*, 2004; Brown & Marks, 2005), sendo a caça de carne de animais selvagens frequentemente uma proporção importante da geração de rendimento para as famílias mais pobres (Kümpel *et al*, 2010). Por outro lado, nalgumas situações o consumo de carne de animais selvagens aumenta com o rendimento do agregado familiar, porque é preferida à proteína do gado doméstico (Jenkins *et al*, 2011). Isto tem sido atribuído a um "padrão de U invertido" da procura em relação ao rendimento, com um pico na procura de carne de animais selvagens na faixa de rendimento médio, e depois uma diminuição quando as carnes domésticas mais caras se tornam acessíveis com um rendimento mais elevado (Wilkie & Godoy, 2001). Outra explicação para esta aparente contradição é a proximidade dos centros urbanos, com as famílias mais próximas das áreas urbanas a aumentar o consumo de carne de animais selvagens com o rendimento, e vice-versa (Brashares *et al*, 2011).

O consumo de carne de animais selvagens na região da África Subsariana é uma tradição antiga, muito difícil de ultrapassar através de regulamentos de conservação da vida selvagem a todos os níveis governamentais. A gestão da vida selvagem nas áreas de conservação tem enfrentado muitos desafios ao longo de muitas décadas. A maioria dos habitantes destas áreas de conservação são pobres. Assim, a carne da fauna bravia é considerada como uma fonte de subsistência para estas pessoas. Além disso, o consumo de carne de animais selvagens, tradição de longa data do povo

Tombel em particular, está recentemente a centrar-se no bom gosto dos seus consumidores (fig.3). Mesmo aqueles que podem pagar a fonte alternativa de proteína ou carne doméstica ainda contam muito com a carne de animais selvagens pelo seu bom gosto. Os consumidores urbanos na Guiné Equatorial (East *et al*, 2005), Zâmbia e Moçambique (Rob Barnett, 1997) preferem o sabor da carne de animais selvagens à carne doméstica. Por outro lado, nas zonas rurais, o preço mais baixo da carne de animais selvagens é o que impulsiona a procura, em vez do sabor (Barnett, 1997; Lindsey *et al*, 2010; Lindsey *et al*, 2011). A caça e o consumo de carne de animais selvagens também podem ter um aspeto cultural, como as diferenças no consumo de carne de animais selvagens entre diferentes grupos étnicos (Ceppi & Nielsen, 2014). No entanto, deve notar-se que algumas diferenças que são inicialmente percebidas como devidas a factores culturais podem, em vez disso, ser explicadas pela proximidade de infra-estruturas, tais como estradas, ou a distância a áreas de vida selvagem. Outros aspectos culturais podem incluir a utilização em cerimónias tradicionais, como as cerimónias de circuncisão masculina no Gabão (Van Vliet & Nasi, 2008).

Este estudo mostrou que, apesar do conhecimento sobre as leis de restrição da fauna bravia por parte da população de Tombel, 28,3% dos trabalhadores de escritório, 27,8% da classe empresarial, 26,8% dos agricultores e 17,2% da população estudantil, parece não haver sinais de cumprimento das restrições (fig.3). Infelizmente, o abate de animais selvagens foi restringido em muitas zonas dos Camarões, mas a carne de animais selvagens já preparada, vendida em restaurantes e em casas particulares, ainda está longe de enfrentar restrições. A carne de animais selvagens é amplamente reconhecida como uma importante fonte de proteínas na bacia do Congo (Fa *et al.* 2003). É normalmente a mais disponível nas comunidades rurais e frequentemente a mais preferida (Schenck *et al.* 2006). Em média, nos Camarões, a carne de animais selvagens fornece 26 g de ingestão diária de proteínas por pessoa, o que equivale a metade das necessidades diárias recomendadas de proteínas (Fa *et al.* 2003). Com base nas estimativas de consumo médio semanal fornecidas pelos entrevistados e não nos dados reais de ingestão de proteínas, a carne de animais selvagens parece ser a proteína animal consumida com mais frequência pelos ceifeiros em Lebialem, nos Camarões.

CONCLUSÃO

A caça e a armadilha de animais selvagens para consumo de carne de animais selvagens na área de Tombel aumentaram muito nos últimos anos. Acredita-se que este aumento se deve à elevada taxa de desemprego em todo o país. A população de meia-idade nesta área é conhecida por ser muito instruída, mas devido ao desemprego, estes jovens estão a regressar a casa das cidades urbanas após a sua educação universitária para trabalhos menos profissionais como a caça e a armadilhagem da fauna bravia, uma fonte de subsistência. Os regulamentos do governo nacional que impedem a caça e a armadilhagem da fauna bravia parecem ter muito pouco sucesso, uma vez que têm a ver com a pobreza dos habitantes locais de Tombel. Este estudo recomenda vivamente que o governo nacional crie empregos para os jovens de Tombel, a fim de os distrair da caça ilegal e da armadilhagem da fauna bravia para a comercialização da carne de animais selvagens. Embora as autoridades governamentais responsáveis pela fauna bravia possam estar a afirmar que a população de fauna bravia está a aumentar na floresta do monte kupe, no entanto, qualquer inventário abrangente da população de fauna bravia realizado pode descobrir que as espécies de fauna bravia reduziram a sua população e algumas até foram extirpadas.

REFERÊNCIA

Anonyme, 2010. Carte d'Afrique avec pays, capitales d'Afrique www.afriqueindex.com/.. /carte-afrique.htm-. Consulté le 16/07/2010.

Bakarr, M., W. Oduro, e E. Odomako. 2001. West Africa: regional overview of the bushmeat crisis. Páginas 110-114 emN. D. Bailey, H. E. Eves, A. Stefan, e J. T. Stein, editores. Bushmeat crisis task force collaborative action planning meeting proceedings.Bushmeat Crisis Task Force, Silver Spring, Maryland, USA:

Barnes, R.F.W. 2002. The bushmeat boom and bust in West and Central Africa. Oryx 36(3), 236-242.

Bene-Bene L., De Semboli B., Mbenzo V., S'hwa D., Bayogo R., Williamson L., Fay M., Hart J. e Maisels F. 2007. Crise dos Elefantes da Floresta na Bacia do Congo. Plos Biology 4 (5): 945-953.

Bennett, E.L. (2002) Existe uma ligação entre a carne selvagem e a segurança alimentar? Conservation Biology. 16(3), 590-592.

Bennett, E. L., e J. G. Robinson. 2000. Hunting of wildlife in tropical forests: implications for biodiversity and forest peoples [Caça de animais selvagens em florestas tropicais: implicações para a biodiversidade e os povos da floresta]. Banco Mundial, Washington, D.C., EUA

Bennett, E.L., Blencowe, E., Brandon, K., Brown, D., Burn, R.W., Cowlishaw, G., Davies, G., Dublin, H., Fa, J.E., Milner-Gulland, E.J., Robinson, J.G., Rowcliffe, J.M., Underwood, F.M., e Wilkie, D.S. 2007. Hunting for Consensus: reconciling bushmeat harvest, conservation, and development policy in West and Central Africa. Conservation Biology 21(3): 884- 887.

Blackburn, T. M., P. Cassey, R. P. Duncan, K. L. Evans e K.J. Gaston. 2004. Avian extinction and mammalian introductionson oceanic islands. Science 305:1955-1958.

Brashares, J. S., C. D. Golden, K. Z. Weinbaum, C. B. Barrett e G. V. Okello. 2011. Factores económicos e geográficos do consumo de fauna bravia na África rural. Actas da Academia Nacional de Ciências108:13931-13936

Brashares,J.S. Arcese P.Sam M.K.Coppolillo,P.B.Sinclair A.R.E.& Balmford,A.(2004) Bushmeat Hunting,Wildlife Declines, and Fish Supply in West Africa.Science,306, 1180-1183.

Brown, T. & Marks, S.A. (2007) Livelihoods , Hunting and the Game Meat Trade in Northern Zambia (Meios de subsistência, caça e comércio de carne de caça no norte da Zâmbia). Em: Glyn Davies & David Brown (eds.). Bushmeat and Livelihoods: Wildlife Management and Poverty Reduction. [Online]. Oxford, Reino Unido, Blackwell Publishing Ltd. pp. 92 - 105.

Ceppi, S.L. & Nielsen, M.R. (2014) Um estudo comparativo sobre os padrões de consumo de carne de animais selvagens em dez tribos da Tanzânia. Tropical Conservation Science. 7 (2), 272-287.

Chardonnet P. 1995. Fauna selvagem africana. La ressource oubliée. Luxemburgo: Comissão Europeia 1: 416p

Cowlishaw, G., Mendelson, S., e Rowcliffe, J.M. 2005. Structure and operation of a bushmeat commodity chain in southwestern Ghana (Estrutura e funcionamento de uma cadeia de mercadorias de carne de animais selvagens no sudoeste do Gana). Conservation Biology 19(1): 139-149.

Damania, R., Milner-Gulland, E.J., e Crookes, D.J. 2005. Uma análise bioeconómica da caça à carne de animais selvagens. Proc. R. Soc. B 272: 259-266.

De Merode, E., Homewood, K., e Cowlishaw, G. 2004. The value of bushmeat and other wild foods to rural households living in extreme poverty in Democratic Republic of Congo. Biological

De Merode E., Smith K.H., Homewood K., Pettifor R., Rowcliffe J.M. e Cowlishaw G. 2007. The impact of armed conflict on protected-area efficacy in Central Africa (O impacto do conflito armado na eficácia das áreas protegidas na África Central). Biology Letters 3 (3): 299-301. Google ScholarConservation 118: 573-581.

East, T., N. F. Kümpel, E. J. Milner-Gulland, e J.M. Rowcliffe.2005. Determinantes do consumo urbano de carne de animais selvagens em RioMuni, Guiné Equatorial.BiologicalConservation126:206-215

Fa, J.F. e Bell, D.J. 2005. Hunting vulnerability, ecological characteristics and harvest rates of bushmeat species in afrotropical forests (Vulnerabilidade à caça, características ecológicas e taxas de colheita de espécies de carne de animais selvagens em florestas afrotropicais). Biological Conservation 121: 167-176.

Fa,J.E.,Peres,C.A.& Meeuwig,J.(2002) Bushmeat Exploitation in Tropical Forests: an Intercontinental Comparison. Conservation Biology,16,232-237.

Fa, J.E., Currie, D., e Meeuwig, J. 2003. Bushmeat and food security in the Congo Basin: linkages between wildlife and people's future. Environmental Conservation 30(1): 71-78

Fitzpatrick, S. M., e W. F. Keegan. 2007. Impactos e adaptações humanas nas ilhas das Caraíbas: uma abordagem de ecologia histórica. Earth and Environmental Science Transactions of the

Gavin, M.C., Solomon, J.N. & Blank, S.G. (2010) Measuring and monitoring illegal use of natural resources. Conservation Biology. [Online] 24 (1), 89-100.

Holmern, T., Muya, J. & Roskaft, E. (2007) Local law enforcement and illegal bushmeat hunting outside the Serengeti National Park, Tanzania. Environmental Conservation. [Online] 34 (01), 55-63.

Jenkins, R. K. B., A. Keane, A. R.Rakotoarivelo,V. Rakotomboavonjy, F. H. Randrianandrianina, H. J. Razafimanahaka, S. R. Ralaiarimalala, e J. P. G. Jones. 2011. A análise dos padrões de consumo de carne de animais selvagens revela uma exploração extensiva de espécies protegidas no leste de Madagáscar.

Kalaba, F.K., Quinn, C.H. & Dougill, A.J. (2013) O papel dos serviços ecossistémicos de aprovisionamento florestal na resposta às tensões e choques domésticos nas florestas de Miombo, Zâmbia. Ecosystem Services. [Online] 5143-148. Disponível em: doi:10.1016/j.ecoser.2013.07.008.

Koppert, G., E. Dounias, A. Froment, e P. Pasquet. 1996. Consommation alimentaire dans trois populations forestières de la région côtière du Cameroun: Yassa, Mvae et Bakola. Pages 477-495 in C. M. Hladik, A. Hladik, H. Pagezy, O. F. Linares, G. J. A. Koppert, and A. Froment, editors. L'alimentation en forêt tropicale, interactions bioculturelles et perspectives de développement. Volume I, Les ressources alimentaires : production et consommation, UNESCO, Paris, França.

Knapp, E.J. (2012) Porque é que a caça furtiva compensa : Um resumo dos riscos e benefícios que os caçadores ilegais enfrentam no Serengeti Ocidental, Tanzânia. Tropical Conservation Science. 5 (4), 434-445.

Kümpel N.F., Milner-Gulland E.J., Cowlishaw G. e Rowcliffe J.M. 2010. Incentives for Hunting: The Role of Bushmeat in the Household Economy in Rural Equatorial Guinea. Human Ecology 38 (2):251-264.

Lindsey, P.A., Romanach, S.S., Matema, S., Matema, C., et al. (2011) Dynamics and underlying causes of illegal bushmeat trade in Zimbabwe. Oryx. [Online] 45 (01), 84-95.

Lindsey, P.A., Balme, G., Becker, M., Begg, C., et al. (2013) O comércio de carne de animais selvagens nas savanas africanas: Impactos, factores determinantes e possíveis soluções. Biological Conservation. [Online] 16080-96.

Mbete P., Ngokaka C., Akouango F., Bonazebi N. e Vouidibio J. 2010. Evaluation des quantités de gibiers prélevées autour du Parc National d'Odzala-Kokoua et leurs impacts sur la dégradation de la biodiversité. Journal of Animal & Plant Sciences. 8 (3): 1061-1069.

Mockrin, M.H., Bennett, E.L., LaBruna, D.T. 2005. Wildlife farming: a viable alternative to hunting in tropical forests? Documento de Trabalho da WCS 23.

Rentsch, D. & Damon, A. (2013) Preços, caça furtiva e alternativas proteicas: Uma análise do consumo de carne de animais selvagens em torno do Parque Nacional de Serengeti, Tanzânia. Economia Ecológica.

Rob Barnett (ed.) (1997) Food for Thought: The Utilisation of Wild Meat in Eastern and Southern Africa. Nairobi, TRAFFIC

Sax, D. F., S. D. Gaines, e J. H Brown. 2002. As invasões de espécies excedem as extinções em ilhas de todo o mundo: um estudo comparativo de plantas e aves. American Naturalist160:766-783.

Schenck M., Effa-Nsame E., Starkey M., Wilkie D., Abernethy K., Telfer P., Godoy R. e Treves A. 2006. Why People Eat Bushmeat: Results From Two-Choice, Taste Tests in Gabon, C

Conselho de Tombel (2010). Relatório do Conselho Tombel

USAID (2006) Issues in Poverty Reduction and Natural Resource Management . Washington DC, USAID

Van Vliet, N. & Nasi, R. (2008) A caça como meio de subsistência no nordeste do Gabão: Patterns , evolution , and sustainability. Ecologia e Sociedade. 13 (2), 33.

Vega, M.G., Carpinetti, B., Duarte, J. & Fa, J.E. (2013) Contrastes nos meios de subsistência e ingestão de proteínas entre caçadores comerciais e de subsistência de carne de animais selvagens em duas aldeias na Ilha de Bioko, Guiné Equatorial. Conservation Biology. [Online] 27 (3), 576-587.

Wilkie, D. S., e J. F. Carpenter. 1999. Bushmeat hunting in the Congo Basin: an assessment of impacts and options for mitigation. Biodiversity and Conservation 8:927-955. http://dx.

Wilkie,D.S. & Godoy,R.A. (2001) Income and Price Elasticities of Bushmeat Demandiin LowlandAmerindian Societies. Conservation Biology,15,761-769.

Wilkie, D.S., Starkey, M., Abernethy, K., Effa, E.N., Telfer, P., e Godoy, R. 2005. Role of prices and wealth in consumer demand for bushmeat in Gabon, Central Africa. Conservation Biology 19(1): 268-274.

Banco Mundial (2014a) Fertility rate, total (births per woman). [Online]. 2014. Disponível em: http://data.worldbank.org/indicator/SP.DYN.TFRT.IN/countries?display=map

Wright J.H. e Priston N.E.C. 2010. Caça e armadilhagem na Divisão de Lebialem, Camarões: práticas de recolha de carne de animais selvagens e dependência humana. Investigação sobre Espécies Ameaçadas de Extinção 11: 1-12.

Uma exploração do comportamento de consumo de morcegos e da sensibilização para as doenças zoonóticas em Bamenda, Região Noroeste, Camarões

Melle Ekane Maurice*[1] ; Nkwatoh Athanasius Fuashi[1] ; Olle Ambe Flaubert[2] : Ekabe Quenter Mbinde[3] , Chah Nestor Mbah[4]

[1]Department OfEnvironmental Science, University ofBuea P.O. Box 63, Buea, Cameroon melleekane@gmail. com

Resumo

O recente aumento dos surtos de doenças zoonóticas virais nos seres humanos deve-se principalmente ao consumo humano de carne de animais selvagens. Muitas das doenças zoonóticas altamente virulentas que surgiram recentemente, como o ébola, têm provavelmente origem em morcegos. O estudo revelou uma relação significativa, $X^2 = 23,870$ df = 1 a $P < 0,05$ sobre o abate de morcegos devido às suas doenças zoonóticas. Além disso, o estudo revelou uma correlação positiva, $R^2 = 0,972$ a $P = 0,05$ sobre o abate de morcegos devido ao seu incómodo. A investigação também revelou uma relação significativa, $X^2 = 10,848$ df = 3 a $P = 0,013$ sobre o abate de morcegos para controlar a sua população. A investigação revelou uma correlação $R^2 = 0,312$ a $P < 0,05$ sobre a prevenção do aumento da população de morcegos. Os resultados revelaram ainda que os morcegos são bem conhecidos (54,23%) na transmissão de doenças zoonóticas. Além disso, o estudo mostrou que muitas pessoas matam estes animais para comer (51,41%), apesar de saberem muito bem que podem ser infectadas com doenças zoonóticas ao comê-los. São necessários esforços educativos para evitar futuras transmissões de vírus transmitidos por morcegos aos seres humanos e para proteger ainda mais os morcegos de destruição desnecessária. O governo nacional dos Camarões pode utilizar as campanhas de prevenção do consumo de morcegos devido à sua infeção zoonótica para melhorar a conservação dos morcegos.

Palavras-chave: Ébola, doenças zoonóticas, consumo de morcegos, transmissão de doenças, conservação

INTRODUÇÃO

Nas últimas décadas, o aparecimento de vírus zoonóticos (aqueles que são naturalmente transmitidos entre animais vertebrados e seres humanos) a partir de morcegos tem sido objeto de uma atenção crescente tanto por parte dos cientistas como do público em geral (Quammen 2013). A identificação de morcegos como hospedeiros naturais de vírus emergentes tem implicações importantes para a conservação dos morcegos. As populações de animais selvagens constituem um reservatório grande e muitas vezes desconhecido de agentes infecciosos (Chomel, *et al*. 2007), desempenhando um papel fundamental na emergência, fornecendo uma "piscina zoonótica" a partir da qual podem surgir agentes patogénicos previamente desconhecidos (Morse, 1995). O aparecimento de muitas zoonoses pode ser atribuído a factores predisponentes como as viagens globais, o comércio, a expansão agrícola, a desflorestação e a urbanização; tais factores aumentam a interface e a taxa de contacto entre as populações humanas, de animais domésticos e de animais selvagens, criando assim maiores oportunidades para a ocorrência de eventos de alastramento (Daszak, *et al*, 2000; 2001). Lederberg, *et al*. (1992) descrevem estas alterações como constituindo uma "ponte epidemiológica" que facilita o contacto entre o agente e a população ingénua. Daszak, *et al*. (2000) sugerem que o aparecimento de doenças a partir de fontes da vida selvagem é principalmente um processo ecológico, com o aparecimento a resultar frequentemente de uma alteração na ecologia do hospedeiro ou do agente ou de ambos. Sugerem que a maioria das doenças emergentes existe num continuum hospedeiro-agente finamente equilibrado entre a fauna selvagem, os animais domésticos e as populações humanas. Quaisquer alterações no ambiente ou no comportamento do hospedeiro proporcionam aos agentes novos nichos ecológicos favoráveis, permitindo-lhes alcançar e adaptar-se a novos hospedeiros e propagar-se mais facilmente entre eles (Morens, *et al*. 2004). A adaptação e a virulência dos agentes patogénicos são dinâmicas adicionais que têm ligações directas com os sistemas ecológicos em que ocorrem. Independentemente de o sistema ser natural ou agrícola, a chave para a sobrevivência dos agentes patogénicos é a sua capacidade de adaptação a um ambiente em constante mudança. Nos sistemas naturais, a perda de biodiversidade, as alterações na ecologia da paisagem, as alterações climáticas e outras variáveis colocam desafios de adaptação inatos aos agentes patogénicos.

As doenças infecciosas emergentes (DIE) são definidas como infecções que surgiram recentemente numa população ou que já existiam anteriormente, mas que estão a aumentar rapidamente em termos de incidência ou de alcance geográfico (Morens, *et al*.2004). As infecções emergentes têm sido uma ameaça familiar desde a antiguidade, com pandemias de cólera, gripe, varíola e sarampo que causaram a morte de milhões de pessoas em todo o mundo. Desde a década de 1940, a incidência de EID aumentou significativamente e surgiram mais de 300 doenças infecciosas (Jones *et al.,* 2008), a maioria das quais são vírus (Taylor, *et al*.2001). Mais de 60% das EID são de origem zoonótica (Jones et al., 2008) e, na última década do século XX, as EID zoonóticas constituíam 52% de todos os eventos de EID (Taylor, *et al*. 2001). De todas as EID, as zoonoses da fauna selvagem representam a ameaça mais significativa e crescente para a saúde global. Entre as EID zoonóticas que surgiram desde a década de 1940, a maioria dos eventos de EID teve origem na fauna selvagem (71,8%) e a sua incidência tem continuado a aumentar (Jones *et al.,* 2008). Foram identificados agentes patogénicos zoonóticos emergentes em ungulados, carnívoros, roedores, primatas, morcegos e outras espécies de mamíferos e não mamíferos (Woolhouse *et al.* 2005). A EID mais conhecida dos tempos modernos, a síndrome da imunodeficiência adquirida (SIDA), surgiu em primatas não humanos por volta do início do século XX (Worobey *et al.*, 2008). A SIDA, que é causada pela infeção por um de dois tipos do vírus da imunodeficiência humana (VIH), ameaça agora ultrapassar a Peste Negra do século XIV e a pandemia de gripe de 1918 a 1920, que mataram 50 milhões de pessoas cada uma (Morens, *et al.*, 2004). Outras doenças que surgiram recentemente, incluindo o vírus Ébola, o hantavírus, o vírus Nipah, o vírus do Nilo Ocidental, o coronavírus da síndrome respiratória aguda grave (SARS) e o vírus da gripe aviária altamente patogénica (GAAP), são exemplos de zoonoses emergentes ou surgidas que tiveram (ou ameaçam ter) um impacto significativo na saúde humana. Compreender os factores que levam os agentes patogénicos a saltarem de espécie em espécie ou a um maior contacto entre a fauna selvagem, o gado e os seres humanos é fundamental para compreender como as doenças emergem da fauna selvagem.

Historicamente, as doenças da fauna selvagem só têm sido consideradas importantes quando a agricultura ou a saúde humana estão ameaçadas (Daszak, *et al.*2000). Contudo, as EID constituem também uma ameaça significativa para a conservação das espécies e a biodiversidade. Embora as espécies da fauna selvagem possam ser consideradas reservatórios de agentes patogénicos com potencial para infetar os seres humanos e os animais, as populações da fauna selvagem também são ameaçadas por agentes patogénicos introduzidos. O alastramento de agentes infecciosos às populações selvagens constitui uma ameaça particular para as espécies ameaçadas, em que a presença de hospedeiros reservatórios infectados pode reduzir a densidade limite do agente patogénico e levar à extinção da população local (Daszak, *et al.*2000). Por exemplo, a síndrome do nariz branco, um agente patogénico fúngico emergente de morcegos hibernantes no nordeste da América do Norte, observado pela primeira vez em 2006, causou uma mortalidade sem precedentes de morcegos, levando a perdas de até 95% em algumas hibernáculos (Blehert *et al.*, 2009; Wibbelt *et al.*,2010). Outro exemplo (não-morcego) do impacto das EIDs nas populações de animais selvagens é a gripe aviária de alta patogenicidade. Embora a gripe aviária de baixa patogenicidade tenha sido provavelmente introduzida nas aves de capoeira a partir de aves aquáticas em liberdade, a mudança de baixa para alta patogenicidade ocorreu nas aves de capoeira e alastrou para as populações de animais selvagens. Este cenário foi responsável por um impacto a nível populacional nos gansos-de-cabeça-branca (*Anser indicus*), uma vez que mais de 6 000 indivíduos morreram durante um único surto no lago Qinghai em 2005 (Chen *et al.*, 2006; Zhou *et al.*, 2006).

Nos últimos anos, os morcegos têm estado implicados em numerosos eventos de EID e são cada vez mais reconhecidos como importantes hospedeiros de reservatórios de vírus que podem atravessar barreiras de espécies para infetar seres humanos e outros mamíferos domésticos e selvagens (Calisher *et al.*, 2006). Os morcegos só perdem para os roedores em número de géneros e espécies vivos e são a maior ordem de mamíferos em abundância global (Sulkin e Allen, 1974). São únicos na sua vagilidade (potencial para viajar a longa distância) e agregam-se frequentemente em colónias muito grandes (Turmelle e Olival, 2010). No entanto, apesar da sua abundância, sabe-se relativamente pouco sobre as espécies a partir das quais os vírus zoonóticos emergem para causar doenças humanas (Calisher *et al.*, 2006). Grande parte da informação recolhida sobre o papel dos morcegos na manutenção e propagação de vírus tem sido de espécies de Microchiroptera (morcegos insectívoros), e há relativamente pouca informação disponível para membros da subordem Megachiroptera (raposas voadoras e morcegos frugívoros), Mackenzie, Field e Guyatt (2003). O papel dos morcegos nas doenças virais está bem estabelecido (Sulkin e Allen, 1974), em particular o seu papel como hospedeiros de alpavírus, flavirvírus, rabdovírus e arenavírus (Mackenzie, *et al.* 2003). Calisher *et al.* (2006) referem 66 vírus que foram isolados ou detectados em tecidos de morcegos de 74 espécies.

O consumo de carne de animais selvagens é uma tradição de longa data nos Camarões e noutras partes da África Subsariana, onde a população de animais selvagens tem servido como fonte de proteínas durante séculos. Consequentemente, a população de animais selvagens diminuiu drasticamente até à beira da extirpação, com a possibilidade de extinção de algumas espécies. No entanto, o consumo de animais selvagens, como os morcegos, foi recentemente confrontado com desafios sem precedentes devido à declaração de investigação da origem do Ébola nos morcegos e nos primatas. Assim, o objetivo deste inquérito na cidade de Bamenda era explorar a relação entre a conservação do consumo de morcegos e a consciência do risco potencial de contrair uma doença zoonótica como o Ébola.

MATERIAIS E MÉTODO

Descrição da zona de estudo

Bamenda é a capital da Região Noroeste dos Camarões, com uma população de cerca de 400 mil habitantes, situada entre a latitude 4°50' - 5°20'N e a longitude 10°35' - 11⁰ 59· E. A altitude varia entre 950-1500 m acima do nível do mar, com planícies arborizadas em algumas zonas. O sistema de drenagem é muito rico, com riachos e nascentes que emanam da faixa norte. A zona tem duas estações, a seca e a húmida, que vão de novembro a abril e de maio a outubro, respetivamente. A precipitação média anual é de cerca de 2200 mm, com julho, agosto e setembro a registarem a precipitação mais elevada e dezembro a mais baixa. Além disso, a temperatura média anual é de cerca de 20,670C, com janeiro e fevereiro a registarem as temperaturas mais elevadas e julho, agosto e setembro as mais baixas (Yuninui, 1990). As práticas agrícolas não sustentáveis destruíram em grande medida a vegetação florestal e esgotaram a fertilidade do solo. Da mesma forma, anos de sobrepastoreio, queima de gramíneas e aumento do tamanho dos rebanhos degradaram gravemente as manchas remanescentes de prados. De acordo com (Yuninui, 1990), a vegetação desta região é tanto natural como cultivada. A vegetação cultivada é constituída por árvores plantadas como a noz de cola, o eucalipto, a palmeira de ráfia e outras árvores de fruto. As espécies de vida selvagem nesta área são dominadas por roedores e morcegos.

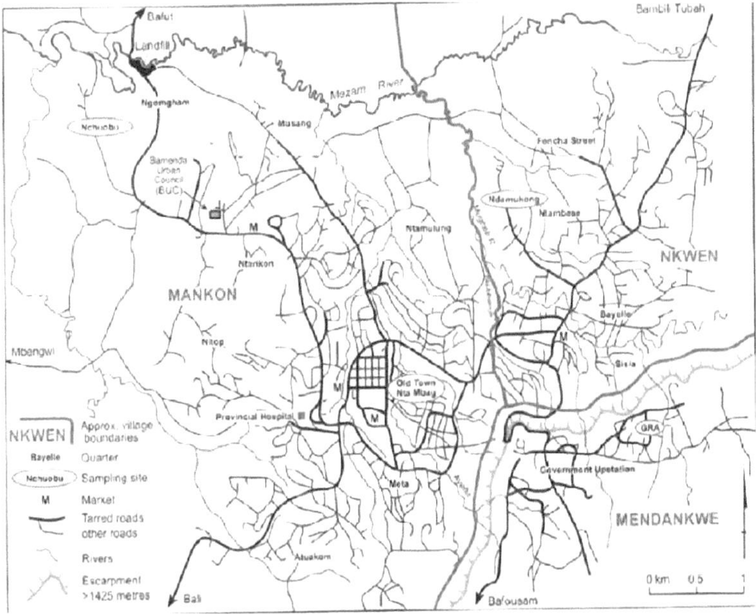

Fig.1; O mapa da cidade de Bamenda **Fonte:** Câmara Municipal de Bamenda (2011)

Recolha e análise de dados

Durante o processo de recolha de dados, as comunidades seleccionadas para a administração dos questionários foram avaliadas como locais onde havia morcegos empoleirados (Ajabji *et al.*, 2008). Os questionários foram todos escritos e administrados em língua inglesa. Antes da administração dos questionários, foi organizada uma reunião em cada uma das comunidades-alvo para familiarização e discussão do objetivo do estudo. Isto facilitou a clareza e o conhecimento do objetivo do estudo e também encorajou os inquiridos a abrirem-se durante a administração do questionário. O inquérito também foi realizado através de uma entrevista individual em que o entrevistador preencheu o questionário com base nas respostas dos inquiridos, especialmente no caso dos inquiridos analfabetos. Esta abordagem ajudou a minimizar a incompreensão das perguntas por parte dos inquiridos, aumentando a fiabilidade da informação recolhida. Devido às restrições de tempo e de recursos, a amostragem de conveniência foi o método mais adequado para a distribuição dos questionários. Apesar disso, a informação de base da base de amostragem estava disponível e as características da amostra foram monitorizadas durante a recolha de dados. Isto significava que o esforço de amostragem podia ser direcionado à medida que o período de recolha de dados se desenvolvia. A amostragem direccionada baseou-se numa abordagem de amostragem por grupos, utilizando os cinco bairros vizinhos para a amostragem. Os números da população eram conhecidos para cada uma das regiões, pelo que foi possível calcular as proporções representativas de cada uma delas em relação à amostra global (Paul Barnes, 2013). Foi administrado um total de 525 questionários aos inquiridos. Os dados recolhidos foram analisados utilizando modelos estatísticos de qui-quadrado e de correlação e os resultados foram apresentados em gráficos de barras e tabelas.

RESULTADOS

O resultado mostrou que os morcegos são bem conhecidos 54,23% na transmissão de doenças zoonóticas (fig. 2). Embora os morcegos possam ser uma fonte de infeção humana, a questão de saber por que razão tantas pessoas em todo o país estão a consumir morcegos ainda não foi compreendida. A preferência pelo consumo de morcegos pode também ter algumas raízes tradicionais. Alguns dizem que os seus antepassados consumiram estes morcegos durante décadas e não contraíram nem morreram de Ébola. Alguns, que não acreditam que estes animais possam ser uma fonte potencial de infeção zoonótica, servem como fonte de motivação de encorajamento ao consumo de morcegos para potenciais consumidores. Acredita-se também que mesmo aqueles que não comem morcegos não o fazem por receio de contactar doenças zoonóticas, mas por razões relacionadas com a estrutura morfológica pouco atraente dos morcegos. Uma vez que muitas doenças virais transmitidas por morcegos têm elevadas taxas de letalidade para os seres humanos, a prevenção de eventos de contágio é de importância fulcral. Em particular, o alastramento por contacto direto com os morcegos, como através de mordeduras ou consumo de morcegos, pode acarretar riscos graves para os seres humanos que podem ser minimizados por programas educativos (Kingston 2016). A redução do risco de surtos de vírus zoonóticos também pode levar a atitudes mais positivas em relação aos morcegos, que podem ainda ser aumentadas ao destacar a sua importância ecológica como polinizadores, dispersores de sementes e controlo de pragas para a agricultura (Ghanem e Voigt 2012). Além disso, as medidas de conservação que promovem a preservação dos habitats dos morcegos têm um duplo papel, uma vez que podem diminuir a zona de contacto entre os morcegos e os seres humanos, reduzindo assim o risco de contágio.

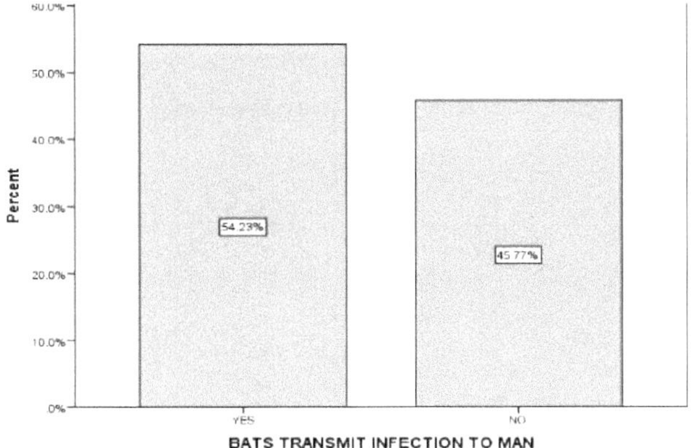

Fig. 2: Considera-se que os morcegos transmitem infecções por via zoonótica

Uma das questões fundamentais, tanto para a conservação como para a saúde pública, é a transmissão direta do Ébola através dos mercados de animais selvagens. No Sudeste Asiático, as raposas voadoras são caçadas regularmente para fins alimentares (Mickleburgh *et al.* 2002; Mildenstein *et al.* 2016), por vezes até autorizadas pelo Departamento de Vida Selvagem local, como na Malásia (Breed *et al.* 2006). Do mesmo modo, os morcegos frugívoros são consumidos regularmente em toda a África (Mickleburgh *et al.* 2009; Mildenstein *et al.* 2016). Uma vez que os morcegos são sugeridos como reservatório potencial para o recente surto de Ébola. A Guiné proibiu a venda de morcegos nos mercados (Gatherer 2014). Os esforços educativos para reduzir a ameaça à saúde pública por doenças zoonóticas e à conservação das populações locais de morcegos são um desafio, uma vez que são geralmente impedidos pela falta de compreensão de comportamentos culturais e componentes sociais enraizados (Pooley *et al.* 2015; Kingston 2016).

No Gana, por exemplo, onde o consumo de morcegos faz parte da cultura e das tradições locais, um inquérito revelou que o conhecimento do valor ecológico e económico dos morcegos não faria com que as pessoas se abstivessem de matar e comer morcegos. Algumas árvores com colónias de *Eidolon helvum* em Yaoundé, Camarões, foram cortadas depois de se suspeitar que os morcegos eram a fonte do recente surto de Ébola na África Ocidental (Pooley *et al.* 2015). Normalmente, o benefício económico direto da venda de morcegos caçados é mais valioso para uma pessoa individual do que o valor económico indireto, nem sempre óbvio, dos morcegos, por exemplo, para a agricultura. No entanto, cerca de metade dos caçadores afirmaram que deixariam de caçar morcegos se pudessem pô-los doentes (Kamins *et al.* 2014). Este facto realça a potencial eficácia da educação pública, mas é necessário ter cuidado para evitar a demonização dos morcegos no processo (Pooley *et al.* 2015). A recente epidemia de Ébola na África Ocidental, por exemplo, levou a um aumento da perseguição de morcegos, com a destruição de poleiros e a morte de colónias pelas comunidades. Embora a prevenção do consumo de morcegos possa ter prioridades mais elevadas devido a razões de saúde pública, o abate de colónias inteiras como resultado provável pode ser uma ameaça muito maior para a conservação dos morcegos do que o comércio de carne de animais selvagens (Pooley *et al.* 2015).

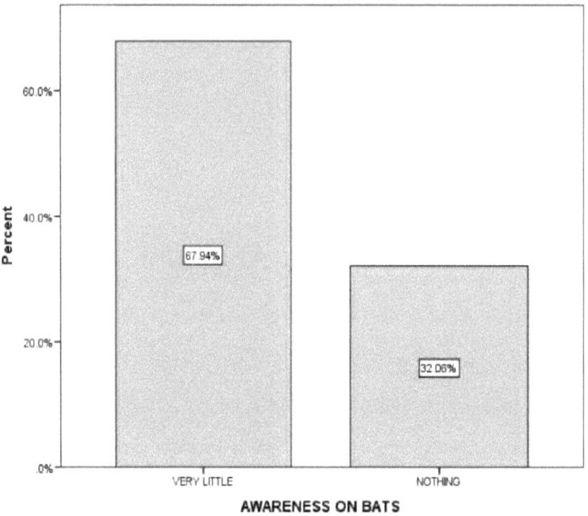

Fig.3: Sensibilização dos habitantes para a existência de morcegos

O inquérito mostrou que os habitantes estão conscientes da existência de morcegos na cidade de Bamenda, 67,94% de acordo com a figura 3. No entanto, o conhecimento sobre os morcegos limita-se à morfologia, com muito pouco conhecimento sobre as actividades ecológicas dos animais. Os agricultores desta área conhecem um pouco as actividades dos morcegos devido à localização das suas explorações agrícolas, onde os morcegos estão sempre a voar, comendo frutos das explorações agrícolas como banana madura, abacate, maçã, etc. Alguns destes agricultores afirmaram mesmo que os morcegos deviam ser erradicados devido à destruição causada nas suas culturas agrícolas, o que resultava num rendimento relativamente baixo. O estudo também descobriu que cerca de 32,06% dos inquiridos não sabem que existem morcegos na cidade de Bamenda. Isto pode também dever-se ao facto de não cultivarem em locais onde é suposto encontrarem estes animais. Dado que os morcegos passam cerca de metade da sua vida no ambiente de repouso, não é surpreendente que os locais de repouso desempenhem um papel importante na biologia e ecologia dos morcegos. A maioria das espécies de morcegos escolhe locais de repouso ocultos, como grutas, minas, cavidades ou fendas em rochas e árvores, debaixo de folhagem e em estruturas modificadas feitas pelo homem (Kunz e Pierson, 1994). Algumas espécies de megachiropteros que se empoleiram colonialmente formam agregações conspícuas (também chamadas "acampamentos"), utilizando frequentemente ramos de árvores expostos (Mickleburgh, Hutson e Racey, 1992). A ocupação do local de repouso pode ser sazonal (durante os períodos de hibernação ou maternidade) ou perene, durando todo o ano no mesmo local durante muitos anos (Kunz e Pierson, 1994). Para além dos seus locais de repouso diurnos, muitos morcegos também se agregam em locais de repouso noturnos, que são temporários e frequentemente próximos dos locais de alimentação. Os morcegos são conhecidos por formarem as maiores agregações de todos os mamíferos. Dependendo da espécie, da estação e da localização do dormitório, o tamanho das colónias varia entre alguns e milhões de indivíduos. Tal como acontece com a ocupação do local de repouso, o comportamento de agregação é uma caraterística dependente da espécie, ocorrendo sazonalmente.

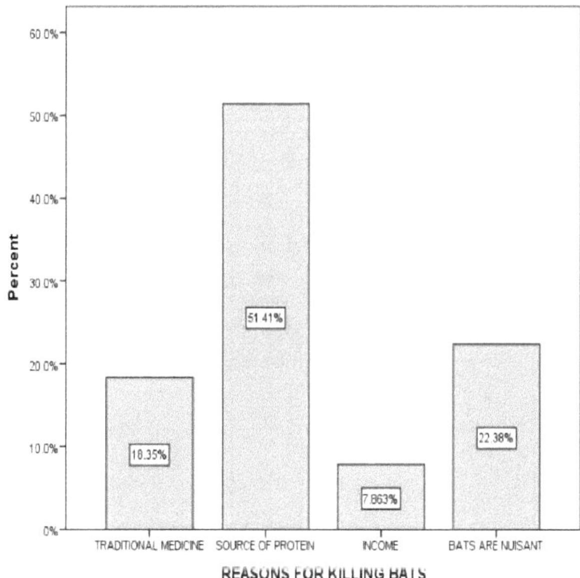

Fig.4: Razões para o abate de morcegos

Os resultados revelaram que 51,41% das pessoas matam estes animais para se alimentarem, apesar de saberem muito bem que podem ser infectadas ao comê-los (fig.4). As razões pelas quais os morcegos continuam a ser mortos e consumidos em algumas partes dos Camarões, mesmo sabendo do risco de contacto com o Ébola, são desconhecidas. Pode também dever-se ao gosto que muitas pessoas desenvolveram pelo consumo de carne de animais selvagens ao longo do tempo. O consumo de morcegos parece estar a aumentar em todo o país devido ao aumento da fome e da pobreza. Muitas pessoas parecem estar a desviar a sua fonte de alimentação proteica para os morcegos como uma fonte alternativa de proteína devido à pobreza. Cerca de 22,38% dos inquiridos afirmaram que matam morcegos porque estes são considerados um incómodo. Os morcegos são uma séria praga das culturas nos Camarões e a maioria dos agricultores está a sofrer baixos rendimentos devido às suas actividades destrutivas nas explorações. Assim, um agricultor médio parece considerar este método como o único meio de proteção das culturas. A população inquirida de 18,35% declarou que os morcegos são úteis na medicina tradicional. A recomendação de morcegos pelos espiritualistas aos seus clientes pode ser para tratamento e proteção daqueles que ainda acreditam nesta tradição de cura espiritual. Atualmente, a maioria destas práticas tradicionais é rejeitada pela classe cristã prática da sociedade. Esta classe parece ser da opinião de que os morcegos devem ser conservados para serem observados e não mortos por razões desnecessárias. Apenas 7,86% da população inquirida reconheceu que os morcegos são mortos para gerar rendimentos. Isto explica a razão pela qual os morcegos não são comuns nos mercados locais e, mesmo quando vistos, são fumados. Os morcegos são portadores de vírus que podem tornar-se zoonóticos. As circunstâncias que facilitam o contágio incluem o contacto direto com os morcegos (mordeduras, arranhões, consumo de morcegos), o contacto com material contaminado com saliva, fezes ou urina de morcego e a amplificação através de hospedeiros intermediários, como animais domésticos ou outras espécies selvagens. As acções de conservação são importantes não só para evitar a propagação, mas também porque os vírus zoonóticos emergentes conduzem frequentemente à perseguição dos morcegos. Para reduzir o risco de transmissão de vírus dos morcegos aos seres humanos e aos animais domésticos e para proteger as espécies de morcegos ameaçadas, são necessários esforços educativos. No entanto, componentes culturais e sociais enraizados actuam frequentemente como barreiras a mudanças eficazes na forma como as pessoas pensam e reagem aos morcegos.

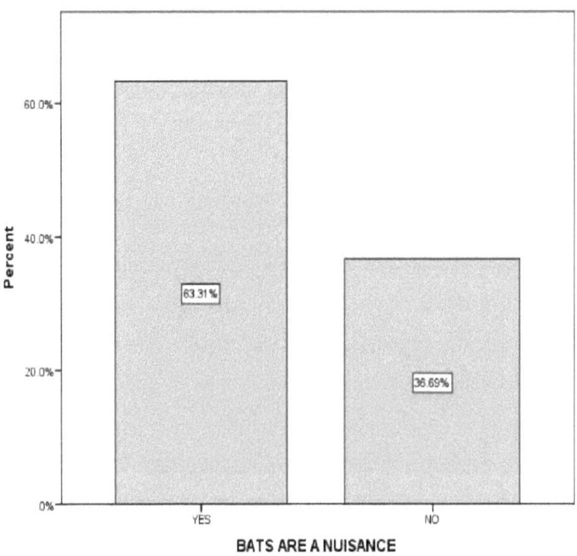

Fig.5: Consideração dos morcegos como incómodo

Como revelado por um resultado de 63,31% dos inquiridos, os morcegos são uma fonte de problemas em quintas, jardins e edifícios devido às suas actividades destrutivas e ao facto de se empoleirarem especialmente durante o dia (fig.5). Assim, muitas pessoas nos Camarões não gostam de ver morcegos nas suas áreas residenciais. Nas explorações agrícolas, os morcegos estão a reduzir o rendimento das colheitas ao alimentarem-se de uma variedade de frutos durante o período noturno. Sabe-se que as actividades nocturnas dos morcegos nas áreas residenciais são muito perturbadoras e barulhentas, sujando o ambiente. No entanto, 36,89% dos inquiridos parecem não acreditar na ideia de que os morcegos são considerados um incómodo. As razões podem dever-se ao facto de serem uma fonte de carne de animais selvagens para muitas famílias, pelo que o crescimento da população de morcegos passa pela conservação. As enormes colónias de empoleiramento construídas em algumas árvores do complexo, como as palmeiras, por vezes sujam estes complexos, pelo que as limpezas regulares e de rotina foram alguns dos desafios identificados pelos habitantes.

Table 1:   Abate de morcegos devido ao seu incómodo

Correlation Tests				
	Value	Asymp.Std Error[a]	Approx. T[b]	Approx. Sig. (2-sided)
Interval by Interval Pearson R	- .002	.045	- .035	.972[c]
Ordinary by Ordinal Spearman Correlation	.001	.045	.033	.974[c]
Linear-by-Linear Association				
N of Valid Cases	406			

a. Não assumir a hipótese nula.

b. Utilizar o erro padrão assintótico assumindo a hipótese nula.

c. Com base numa aproximação normal.

O estudo revelou uma correlação positiva, $R^2 = 0,972$ a $P = 0,05$, sobre o abate de morcegos devido às suas actividades incómodas (tab.l). Muitas pessoas nesta zona e noutras partes dos Camarões acreditam que os morcegos são um incómodo e que, por isso, devem ser mortos. A destruição das culturas causada pelos morcegos durante as suas actividades de alimentação nocturna tem sido uma grande preocupação para os agricultores. Os agricultores sempre se queixaram e acusaram a presença de morcegos pela baixa produtividade das suas explorações, frequentemente atacadas pelos morcegos.

Table 2:   Matança de morcegos para controlar a sua população

Chi-Square Tests

	Value	df	Asymp. Sig. (2-sided)
Pearson Chi-Square	10.848	3	.013
Likelihood Ratio	11.548	3	.009
Linear-by-Linear Association	2.912	1	.156
N of Valid Cases	496		

O inquérito também mostrou uma relação significativa, $X^2 = 10,848$ df = 3 a P = 0,013, sobre o abate de morcegos para controlar a sua população (quadro 2). Os habitantes da cidade de Bamenda parecem acreditar que a única saída para o incómodo e os problemas causados pela população de morcegos é matá-los. Mas a maioria parece fazê-lo com o objetivo de consumo, uma fonte de proteínas mais barata. Pensa-se que a matança de morcegos está a aumentar com o aumento da população humana.

Table 3: Matança de morcegos para prevenir infecções zoonóticas

Chi-Square Tests

	Value	df	Asymp. Sig. (2-sided)
Pearson Chi-Square	23.870	1	.000
Likelihood Ratio	24.370	1	.000
Linear-by-Linear Association	23.822	1	.000
N of Valid Cases	496		

A Tabela 3 mostrou uma relação significativa, $X^2 = 23,870$ df = 1 a P < 0,05, sobre o abate de morcegos devido às suas doenças zoonóticas. No entanto, nem todos os camaroneses estão conscientes da capacidade potencial zoonótica dos morcegos para os seres humanos, mas alguns que sabem preferem matá-los, especialmente quando colonizam as suas áreas residenciais. Esta matança parece ser uma medida destinada a afugentar os morcegos dos seus jardins e quintas. A perseguição direta dos morcegos parece ser muitas vezes a forma mais eficaz de lidar com as doenças transmitidas pelos morcegos ao público. Há muito que o abate de morcegos é aceitável, mesmo que estes estejam protegidos. Embora o abate possa ser oficialmente proibido e, por conseguinte, não seja apoiado pelas autoridades ou por programas governamentais, o abate de morcegos em grande escala ou a destruição de árvores de repouso podem ainda ser praticados habitualmente em áreas onde as doenças zoonóticas se estão a propagar. Na Austrália, por exemplo, as raposas voadoras são frequentemente perseguidas e mortas, tanto legalmente (ao abrigo de licenças emitidas por agências estatais de gestão da vida selvagem) como ilegalmente. Isto aconteceu de forma mais proeminente durante os períodos em que o vírus Hendra surgiu nas populações de raposas voadoras australianas (Roberts *et al.* 2012). Metade das espécies de raposas voadoras nativas da Austrália diminuíram cerca de 30% em tamanho populacional durante a última década, e o abate de morcegos geralmente não leva a medidas legais (Booth 2005). Em vez de reduzir a prevalência viral, isto pode, portanto, levar exatamente ao oposto. Na tentativa de reduzir a incidência de raiva, os morcegos vampiros são regularmente abatidos em muitas partes da América Latina (Streicker *et al.* 2012). No Brasil, por exemplo, estão em curso programas governamentais que envolvem campanhas direccionadas contra os morcegos vampiros. Durante estas medidas, os morcegos vampiros são capturados e envenenados ou revestidos com anticoagulante e libertados, de modo a que o alogrooming mate os seus conspecíficos (Medellin 2003). Além disso, os poleiros dos morcegos são destruídos com recurso a fogo e explosivos (Mayen 2003), o que também leva a um declínio dramático dos morcegos não visados (Furey e Racey 2016). Para além dos métodos questionáveis envolvidos, em vez de reduzir a abundância viral na população, o abate de animais selvagens pode levar a um aumento da propagação viral. São recrutados novos hospedeiros e a probabilidade de dispersão dos indivíduos infectados aumenta, o que resulta na transmissão da doença a hospedeiros ingénuos (Donnelly *et al.* 2005; Choisy e Rohani 2006; Streicker *et al.* 2012). Este foi o caso dos morcegos vampiros no Peru, onde o abate não conseguiu reduzir a seroprevalência da raiva nas populações de morcegos, mas teve o efeito oposto (Streicker *et al.* 2012). Portanto, a perseguição de morcegos como potenciais portadores de doenças zoonóticas tem sido denunciada como inútil e até contraproducente tanto por conservacionistas como por especialistas em transmissão de doenças (Hutson e Mickleburgh 2001; Knight 2008).

Table 4: A prevenção do aumento da população de morcegos

Correlation Tests				
	Value	Aaymp.Std Error[a]	Approx. T[b]	Approx. Sig. (2-sided)
Interval by Interval Pearson R	- .046	.045	-1. 013	.312[c]
Ordinary by Ordinal Spearman Correlation	- .041	.045	- .045	.361[c]
Linear-by-Linear Association				
N of Valid Cases	495			

a. Não assumir a hipótese nula.

b. Utilizando o erro padrão assintótico assumindo a hipótese nula.

c. Com base numa aproximação normal.

Além disso, a investigação revelou uma correlação positiva, $R^2 = 0,312$ a $P < 0,05$, sobre a prevenção do aumento da população de morcegos (quadro 4). Na sequência dos problemas agrícolas causados pelos morcegos, algumas pessoas são de opinião que a população de animais deve ser reduzida através do seu abate para fins de carne de animais selvagens. Infelizmente, este método é fortemente contrário à legislação sobre a conservação da vida selvagem nos Camarões. As autoridades responsáveis pela vida selvagem nos Camarões estão a lutar contra a caça furtiva de animais selvagens, tanto em áreas florestais conservadas como não conservadas, uma luta que visa alcançar um crescimento sustentável da população de morcegos. A combinação de conhecimentos sobre a ecologia das espécies hospedeiras, bem como sobre a dinâmica da doença do vírus, pode ser crucial para estabelecer programas eficientes de prevenção da doença (Plowright *et al.* 2015). Aqui, é preciso notar que o surgimento de doenças zoonóticas de morcegos também parece ser uma consequência da alteração antropogénica de ambientes naturais (Daszak *et al.* 2001). Por exemplo, na América Central e do Sul, a conversão de habitats florestais em pastagens fez com que a fonte de alimentação dominante dos morcegos-vampiros passasse dos vertebrados nativos para o gado. Isto aumentou a transmissão da raiva dos morcegos vampiros para o gado e animais domésticos em muitas partes da América Latina (Schneider *et al.* 2009). Nos locais onde os habitats dos morcegos foram em grande parte convertidos em terras agrícolas, as populações de morcegos remanescentes são forçadas a concentrar-se em zonas que lhes fornecem os recursos de que necessitam. Quando os habitats naturais são escassos, as raposas voadoras podem utilizar árvores frutíferas ou floridas em zonas agrícolas, suburbanas e urbanas, o que aumenta a zona de contacto e o risco de alastramento entre morcegos e gado ou seres humanos (Daszak *et al.* 2006; Plowright *et al.* 2015). De facto, o contacto entre morcegos e hospedeiros ingénuos, como consequência da modificação da paisagem e da invasão humana, provavelmente desencadeou a transmissão do vírus Hendra aos cavalos (Epstein *et al.* 2006) e do vírus Nipah aos porcos (Chua *et al.* 1999; Field *et al.* 2001).

De um modo geral, a perceção pública dos morcegos como mamíferos esteticamente menos apelativos, bem como os folclores que frequentemente associam os morcegos a um estigma negativo, tornam os esforços de conservação relacionados com os morcegos morosos e exigentes (Fenton 1997; Allen 2004; Knight 2008). Os recentes surtos de doenças zoonóticas virais, com a identificação de morcegos como possíveis hospedeiros naturais, complicaram ainda mais os esforços de conservação dos morcegos (Li *et al.* 2005; Knight 2008). Por conseguinte, é importante destacar o contexto das infecções associadas aos morcegos, a fim de fornecer informações mais fundamentadas sobre o aparecimento e a transmissão de doenças zoonóticas relacionadas com os morcegos, o que pode levar a uma reputação mais equilibrada dos morcegos. A educação das comunidades locais tem de equilibrar cuidadosamente a informação sobre o risco potencial de contrair doenças infecciosas através do consumo de carne de animais selvagens, sem sugerir que os morcegos têm de ser erradicados para evitar a propagação de doenças. O recente surto de Ébola, que resultou em vários milhares de vítimas humanas e em que os morcegos são frequentemente referidos como a fonte provável de origem, conduziu indubitavelmente a uma grave perda de reputação dos morcegos neste continente, o que torna a conservação das populações e espécies ameaçadas ainda mais difícil, não só em África, mas também em todo o mundo.

DISCUSSÃO

Os seres humanos dependem dos ecossistemas naturais para os serviços que estes fornecem (ar puro e água limpa), e os morcegos desempenham um papel fundamental na garantia destes importantes serviços, apoiando os ecossistemas que os produzem. Os morcegos mantêm os seus habitats através da regulação das populações de insectos e da ciclagem de nutrientes (morcegos insectívoros) e da polinização de flores e dispersão de sementes (morcegos nectivoros e frugívoros). Uma vez que os morcegos são altamente móveis, desempenham estes papéis ecológicos em vastas paisagens, apoiando a regeneração e manutenção das florestas a grande escala (Salonga, 2009). No entanto, a matança de morcegos para consumo humano é uma tradição de longa data em muitas partes dos Camarões, onde a população de morcegos se agrega em grandes colónias em árvores como as palmeiras vermelhas durante o dia, após as suas actividades nocturnas. Este comportamento de agregação torna-os vulneráveis ao abate por parte dos humanos, especialmente durante o dia. Este estudo mostrou que a principal razão para o seu abate se deve às suas actividades prejudiciais nas árvores de fruto das terras agrícolas de Bamenda e de outras zonas dos Camarões. No entanto, parece que muitas outras pessoas os matam apenas para fins de consumo. Os morcegos são predominantemente noturnos, descansando durante o dia e alimentando-se à noite, embora algumas espécies de morcegos sejam parcial ou totalmente diurnas (Kunz e Pierson, 1994). A maior parte das espécies de Microchiroptera e Megachiroptera partem dos locais de repouso ao início do crepúsculo para procurar alimento e regressam aos seus locais de repouso diurnos ao amanhecer (Kunz, 1982). A distância que os morcegos percorrem durante as suas actividades de procura de alimentos varia consoante a espécie, o tipo de habitat, a localização, a estação do ano, o tamanho da colónia e a disponibilidade de alimentos. Os microquirópteros foram seguidos a viajar 10 a 15 km do seu dormitório durante as actividades de procura de alimento e podem aventurar-se até 80 km (Kunz e Pierson, 1994). As espécies de Megachiropteros são conhecidas por se deslocarem até 87,5 km do seu poleiro diurno para forragear (Epstein *et al.*, 2009). É provável que as fêmeas de morcegos percorram distâncias de procura de alimento mais curtas durante os períodos de lactação, uma vez que estão limitadas pelo peso acrescido de transportar as suas crias (especialmente algumas espécies de Megachiroptera) e/ou pela necessidade de regressar ao poleiro para amamentar as crias deixadas para trás. Para além dos seus movimentos diários, algumas espécies de morcegos são também conhecidas por migrações de longo prazo e de longa distância (Bisson, *et al.* 2009).

O estabelecimento de agregações de morcegos em árvores de fruto, como palmeiras vermelhas, no município de Bamenda é considerado sujo para o ambiente, especialmente quando isto acontece em zonas residenciais onde a sua alimentação nocturna ruidosa e as suas quedas sujam estes locais. Os morcegos não são apreciados e são temidos em muitas regiões do mundo (Kellert, 1980), provavelmente devido a uma história de mitologia negativa e falta de compreensão sobre os morcegos. Algumas culturas mantêm sentimentos positivos em relação aos morcegos, como na China, onde são símbolos de felicidade e longevidade, e na Polónia, onde se acredita que trazem boa sorte. Noutros locais, os morcegos estão associados à morte e à escuridão, tendo surgido histórias tradicionais em que personagens semelhantes a morcegos desempenham papéis sinistros, causando danos às pessoas. Na Malásia, por exemplo, os morcegos são considerados sujos e estão associados a espíritos malignos e vampiros. Dos malaios entrevistados, a maioria tinha sentimentos negativos em relação aos morcegos, e metade não gostava de morcegos de todo. Este facto corresponde à falta geral de conhecimentos sobre a história natural básica dos morcegos. Para além dos medos inspirados no folclore e dos mal-entendidos devidos à falta de educação, algumas preocupações com os morcegos estão ligadas à realidade. Os exemplos mais notáveis são os dos fruticultores do Velho Mundo, que enfrentam continuamente problemas com morcegos fruticultores que se alimentam das suas colheitas de fruta e se agregam em estruturas construídas pelo homem, e o receio ainda mais generalizado de que os morcegos sejam vectores de doenças. Embora estas preocupações sejam verdadeiras, o medo e a falta de educação conduzem frequentemente a uma reação exagerada do público. Além disso, as pessoas muitas vezes não reconhecem o papel que elas próprias desempenham no convite ao conflito com os morcegos. Por exemplo, nas Filipinas, algumas espécies de morcegos frugívoros alimentam-se de culturas agrícolas, mas isso pode dever-se ao facto de o desenvolvimento agrícola ter deslocado o seu habitat natural. Estudos demonstraram que os morcegos preferem forragear em florestas naturais não perturbadas, mesmo quando existem áreas agrícolas nas proximidades (Mildenstein *et al.*, 2005). Com o aumento constante da população humana, as pessoas fracturaram as paisagens naturais e deslocaram-se para os habitats dos morcegos e para as suas imediações, criando mais oportunidades para interacções negativas. Por conseguinte, os conflitos entre humanos e morcegos tornaram-se muito mais pronunciados nos últimos tempos (Daszak, *et al.*2000).

O consumo de morcegos em Bamenda é uma tradição que atravessa todo o país. Para algumas tribos dos Camarões, como os Bakossi, a sua carne é uma iguaria tradicional. Por esta razão, os morcegos são mortos em grande número para consumo, mesmo aqueles que defendem a sua conservação também os comem. Um benefício direto óbvio dos morcegos para os seres humanos é como fonte de alimento. Embora a caça de morcegos seja ilegal na maior parte do Velho Mundo, as pessoas caçam morcegos para obter carne, sendo as espécies caçadas predominantemente megachiropteros, mas algumas espécies de morcegos insectívoros também são caçadas na Ásia e em África (Mickleburgh, *et al.* 2009). Para alguns grupos culturais, a caça e o consumo de morcegos estão ligados a costumes e crenças tradicionais, como é o caso das tribos indígenas das Filipinas que acreditam que a carne de morcego tem propriedades medicinais especiais (Mildenstein, 2002); outros exemplos encontram-se em Swensson (2005) e Jenkins e Racey (2008). Para outros povos, como os Chamorros e os Carolinos nas Ilhas Mariana e Carolina dos Estados Federados da Micronésia, os morcegos frugívoros são uma iguaria muito apreciada, tradicionalmente consumida em celebrações. Em muitas partes da Ásia, no entanto, os morcegos não são um alimento especial e é comum que sejam caçados oportunisticamente como uma nova fonte de alimento suplementar (Mildenstein, 2002). Dados os níveis conhecidos de declínio populacional no Velho Mundo, a colheita de morcegos frugívoros é geralmente considerada insustentável e uma ameaça à persistência a longo prazo dos morcegos frugívoros do Velho Mundo (Mickleburgh, *et al.* 2009; IUCN, 2010).

Nos últimos anos, os morcegos ganharam uma notoriedade significativa por estarem implicados em numerosos eventos de doenças infecciosas emergentes, e a sua importância como hospedeiros reservatórios de vírus que podem atravessar barreiras de espécies para infetar humanos e outros mamíferos domésticos e selvagens é cada vez mais reconhecida (Calisher *et al.,* 2006). Historicamente, tem havido um conjunto significativo de trabalhos sobre o papel dos Microchiroptera (morcegos insectívoros) como reservatórios de agentes infecciosos, mas relativamente pouca informação disponível sobre os membros da subordem Megachiroptera (raposas voadoras e morcegos frugívoros) (Mackenzie, *et al.* 2003). Embora o papel dos morcegos no albergue de vírus (alfavírus, flavivírus, rabdovírus e arenavírus) esteja bem estabelecido (Sulkin e Allen, 1974; Mackenzie, *et al.*2003), há um interesse global crescente em avaliar a vasta gama de potenciais agentes infecciosos que os morcegos albergam, com especial incidência em potenciais ameaças pandémicas emergentes. Esta preocupação pode ser um pouco exagerada, uma vez que os próprios morcegos não representam a verdadeira ameaça para as pessoas no que diz respeito a potenciais agentes patogénicos que conduzem a eventos de doenças zoonóticas em grande escala. No entanto, vale a pena investigar os agentes infecciosos que os morcegos albergam e integrar esta informação com a compreensão do risco de transmissão dos morcegos às pessoas ou aos animais, que podem servir de hospedeiros intermediários e vectores de transmissão que ligam os morcegos às pessoas.

Embora os morcegos tenham sido identificados como portadores de muitos agentes patogénicos humanos altamente virulentos (Chen *et al.* 2014), são escassas as provas de sinais clínicos ou doenças relacionadas com agentes patogénicos em morcegos, em especial no caso de agentes patogénicos intracelulares como os vírus (Brook e Dobson 2015). O vírus Ébola, o filovírus mais proeminente, causa febre hemorrágica grave nos seres humanos, com elevada mortalidade, e está a propagar-se rapidamente entre as populações africanas. O recente surto de Ébola em 2013 na África Ocidental resultou na epidemia mais grave de Ébola até à data, com mais de 11 000 casos letais (Organização Mundial de Saúde 2014). Tornou-se assim evidente que a transmissão dos animais para os seres humanos ocorre através da caça, do abate e do consumo de carne de animais selvagens (Gonzalez *et al.* 2005; Li e Chen 2014), seguida de uma rápida transmissão entre seres humanos (Organização Mundial de Saúde 2014). Um surto de Ébola no Congo em 2007, que resultou em 260 seres humanos infectados, dos quais 186 morreram, foi atribuído a uma potencial transmissão direta a partir de um morcego da fruta morto que a primeira vítima humana comprou a caçadores para comer (Leroy *et al.* 2009). Desde então, foram detectados anticorpos contra o vírus Ébola num total de 14 espécies de morcegos, com seroprevalências de até 44%, dependendo da espécie e do local (Olival e Hayman 2014).

O recente surto de Ébola na Guiné e nos países vizinhos em 2013, países que se encontram a uma distância significativa dos surtos anteriores na África Central, causou especulações sobre uma possível transmissão do vírus por morcegos frugívoros migratórios (Bausch e Schwarz 2014; Vogel 2014). No entanto, uma vez que a estirpe do vírus Ébola da África Ocidental é uma variante genética dos vírus Ébola conhecidos, tem-se argumentado que a variante da África Ocidental pode ter surgido de populações locais de animais selvagens e não de indivíduos migratórios (Gatherer 2014). Além disso, embora especulado (Saéz *et al.* 2015), ainda não está claro se o alastramento do vírus Ébola na África Ocidental teve origem em morcegos. O vírus de Marburgo é o único filovírus que até agora foi diretamente isolado de morcegos (Towner *et al.* 2009; Amman *et al.* 2012; Pourrut *et al.* 2005). O primeiro surto do vírus foi causado por um contágio de macacos de laboratório a seres humanos em Marburgo, Alemanha, em 1967 (Jacob e Solcher 1968). A elevada divergência da sequência do genoma de Marburgo nesta população sugere uma associação a longo prazo do vírus com o hospedeiro, o que leva a supor que os morcegos são o reservatório natural (Towner *et al.* 2009).

CONCLUSÃO

O inquérito revelou que, embora muitas pessoas que consomem morcegos em Bamenda e noutras partes dos Camarões conheçam o risco de contrair infecções zoonóticas como o ébola e outras doenças semelhantes, ainda não acreditam que possam sofrer qualquer infeção devido ao seu consumo. Muitos camaroneses em áreas remotas ainda duvidam que o consumo de morcegos possa levar a um surto de doença virulenta, como afirmam os educadores de saúde pública do governo. Outros são da opinião de que os seus antepassados consumiam estes animais e não eram infectados nem mortos por estas doenças, e que as campanhas públicas do governo para desencorajar o consumo de morcegos com base no facto de estes serem portadores de doenças zoonóticas são antes consideradas como uma estratégia de conservação dos morcegos. A partir desta posição, muitas pessoas ainda estão muito interessadas e confortáveis em comer morcegos como fonte de proteínas. No entanto, pensa-se que a ingestão destes animais está mais limitada às zonas remotas dos Camarões, onde são menos perturbados e onde podem facilmente formar enormes colónias de poleiros. A situação de pobreza nalguns locais remotos dos Camarões levou muitas pessoas a caçar ilegalmente morcegos e outros animais selvagens, incluindo espécies ameaçadas e em perigo de extinção, apesar de as autoridades governamentais responsáveis pela conservação terem proibido esta prática. O comportamento de consumo de morcegos dos habitantes de Bamenda e de muitas outras partes dos Camarões poderá não desaparecer tão cedo enquanto a pobreza continuar a ser um fator determinante da escolha de alimentos.

REFERÊNCIA

Ajabji, S., Tendem, P. e Nkembi, L. (2008). Um relatório socioeconómico para as aldeias adjacentes à floresta de Bechati Fossimondi-Besali. Relatório final do projeto apresentado ao WWF Netherland, US Fish and Wildlife Service e Tusk Trust UK. Buea, Camarões.

Alien GM (2004) Bats: biology, behavior, and folklore (Morcegos: biologia, comportamento e folclore). Dover Publications

Amman BR, Carroll SA, Reed ZD et al (2012) Pulsos sazonais de circulação do vírus de Marburgo em morcegos juvenis Rousettus aegyptiacus coincidem com períodos de risco acrescido de infeção humana. PLoS Pathog 8:e1002877

Câmara Municipal de Bamenda (2011). O mapa da cidade de Bamenda.

Bausch DG, Schwarz L (2014) Surto da doença do vírus Ébola na Guiné: onde a ecologia encontra a economia. PLoS Neglected Trop Dis 8(7):e3056.

Bisson, I., Safi, K. & Holland, R.A. (2009). Evidência de evolução independente repetida da migração na maior família de morcegos. Public Library of Science ONE,4(10): e7504

Blehert, D.S., Hicks, A.C., Behr, M., Meteyer, C.U., Berlowski-Zier, B.M., Buckles, E.L., Coleman, J.T., Darling, S.R., Gargas, A., Niver, R., Okoniewski, J.C., Rudd, R.J. & Stone, W.B. (2009). Síndrome do nariz branco do morcego: um patógeno fúngico emergente? Science, 323(5911): 227.

Breed AC, Field HE, Epstein JH, Daszak P (2006) Emerging henipaviruses and flying foxes-conservation and management perspectives. Biol Conserv 131(2):211-220

Booth C (2005) Time to stop the killing. The Australasian Bat Society Newsletter 24.

Breed AC, Field HE, Epstein JH, Daszak P (2006) Emerging henipaviruses and flying foxes-conservation and management perspectives. Biol Conserv 131(2):211-220.

Brook CE, Dobson AP (2015) Bats as 'special' reservoirs for emerging zoonotic pathogens. Trends Microbiol 23:172-180

Calisher, C.H., Childs, J.E., Field, H.E., Holmes, K.V. & Schountz, T.(2006). Bats: important reservoir hosts of emerging viruses. Clin. Microbiol. Rev.,19: 531-545. Chen, H., Smith,G.J., Li, K.S, Wang, J., Fan, X.H., Rayner, J.M., Vija.

Chen L, Liu B, Yang J, Jin Q (2014) DBatVir: a base de dados de vírus associados a morcegos. Base de dados:bau 021.

Chen, H., Smith,G.J., Li, K.S, Wang, J., Fan, X.H., Rayner, J.M., Vijaykrishna, D., Zhang, J.X., Zhang, L.J., Guo, C.T. Cheung, C.L., Xu, K.M., Duan, L., Huang, K., Qin, K., Leung, Y.H., Wu, W.L., Lu, H.R., Chen, Y., Xia, N.S., Naipospos, T.S., Yuen, K.Y., Hassan, S.S., Bahri, S., Nguyen, T.D., Webster, R.G., Peiris, J.S. & Guan, Y. (2006). Estabelecimento de múltiplos

Choisy M, Rohani P (2006) Harvesting can increase severity of wildlife disease epidemics. Proc R Soc B: Biol Sci 273(1597):2025-2034

Chomel, B.B., Belotto, A. & Meslin, F.-X. (2007). Vida selvagem, animais de estimação exóticos e zoonoses emergentes. Doenças Infecciosas Emergentes, 13(1): 6-11.

Chua KB, Goh KJ, Wong KT et al (1999) Encefalite fatal devida ao vírus Nipah em suinicultores da Malásia. Lancet 354(9186):1257-1259

Daszak P, Cunningham AA, Hyatt AD (2001) Anthropogenic environmental change and the emergence ofinfectious diseases in wildlife. Ata Trop 78:103-116

Daszak P, Plowright R, Epstein J et al (2006) The emergence of Nipah and Hendra virus: pathogen dynamics across a wildlife-livestock-human continuum. Dis Ecol: Community Struct PathogDyn: 186-201

Donnelly CA, Woodroffe R, Cox D et al (2005) Positive and negative effects of widespread badger culling on tuberculosis in cattle. Nature 439(7078):843-846

Epstein J.H, Field H.E, Luby S, Pulliam JR, Daszak P (2006) Nipah virus: impact, origins, and causes of emergence. Curr Infect Dis Rep 8(1):59-65

Epstein J.H, Olival KJ, Pulliam J.R.C (2009) Pteropus vampyrus, uma espécie migratória caçada com uma área de distribuição multinacional e uma necessidade de gestão regional. J Appl Ecol 46:9911002

Fenton MB (1997) Science and the conservation of bats. J Mammal: 1-14

Field H, Young P, Yob JM, Mills J, Hall L, Mackenzie J (2001) The natural history ofHendra and

Nipah viruses. Microbes Infect 3(4):307-314.

FureyN, Racey P (2016) Conservation ecology of cave bats. In: Voigt, CC, Kingston, T (eds) Bats in the Anthropocene: conservation of bats in a changing world. Springer International AG, Cham, pp. 463-492

Gatherer D (2014) O surto da doença do vírus Ébola em 2014 na África Ocidental. J Gen Virol: vir 0.067199-067190

Ghanem SJ, Voigt CC (2012) Aumentar a sensibilização para os serviços ecossistémicos prestados pelos morcegos. Adv Study Behav 44:279-302

Gonzalez J-P, Herbreteau V, Morvan J, Leroy EM (2005) Circulação do vírus Ébola em África: um equilíbrio entre a expressão clínica e o silêncio epidemiológico. Boletim da Sociedade de Patologia Exótica 98(3):210-217

Hutson AM, Mickleburgh SP (2001) Microchiropteran bats: global status survey and conservation action plan, vol 56. IUCN.

IUCN.(2010). Lista Vermelha de Espécies Ameaçadas da UICN, versão 2010.3. Mamíferos.

Jacob H, Solcher H (1968) Uma doença infecciosa transmitida por *Cercopithecus ethiops* ("doença de Marburgo") com encefalite de nódulos gliais. Ata Neuropathol 11(1):29.

Jenkins, R.K.B. & Racey P.A. (2008). Bats as bushmeat in Madagascar. Madagascar Conservation and Development,3: 22-30.

Jones, K.E., Patel, N.G., Levy, M.A., Storeygard, A., Balk, D., Gittleman, J.L. & Daszak, P. (2008). Global trends in emerging infectious diseases. Nature, 451(7181): 990-993.

Kamins AO, Rowcliffe J.M, Ntiamoa-Baidu Y, Cunningham AA, Wood JL, Restif O (2014) Características e percepções de risco dos ganeses potencialmente expostos a zoonoses transmitidas por morcegos através da carne de animais selvagens. EcoHealth:1-17

Kellert, S.R. (1980). Americans' attitudes and knowledge of animals. Transactions of the North American Wildlife and Natural Resource Conference, 45: 111-124

Kingston T (2016). Cute, Creepy, or Crispy - como valores, atitudes e normas moldam o comportamento humano em relação aos morcegos. In: Voigt, CC, Kingston, T (eds) Bats in the anthropocene: conservation of bats in a changing world. Springer International AG, Cham, pp. 571-588

Knight AJ (2008) "Bats, snakes and spiders, Oh my!" Como as atitudes estéticas e negativistas, e outros conceitos, prevêem o apoio à proteção das espécies. J Environ Psychol 28(1):94-103.

Kunz, T.H.(1982). Ecologia de dormitório dos morcegos. InT.H. Kunz. Ecology of bats,pp. 1-55. Nova Iorque, Plenum Press.

Kunz, T.H. & Pierson, E.D.1994. Bats of the world: an introduction. Em R.M. Nowak. Walker's bats of the world, pp. 1-46. Baltimore, Maryland, EUA e Londres, Johns Hopkins University Press.

Li Y, Chen S (2014) História evolutiva do vírus Ébola. Epidemiol Infect 142(06): 1138-1145

Li W, Shi Z, Yu M. (2005) Bats are natural reservoirs of SARS-like coronaviruses. Ciência 310(5748):676-679

Leroy EM, Epelboin A, Mondonge V et al (2009) Surto de Ébola humano resultante da exposição direta a morcegos Iruit em Luebo, República Democrática do Congo, 2007. Doenças Zoonóticas Transmitidas por Vectores 9(6):723-728

Lederberg, J., Shope, R.E. & Oaks, S.C., eds.(1992). Emerging infections: microbial threats to health in the United States. Washington, DC, National Academy Press.

Mackenzie, J., Field, H. & Guyatt, K.(2003). Managing emerging diseases borne by fruit bats (flying foxes) with particular reference to henipaviruses and Australian bat lyssavirus. Journal of Applied Microbiology,94.

Mayen F (2003) Morcegos hematófagos no Brasil, seu papel na transmissão da raiva, impacto na saúde pública, indústria pecuária e alternativas à redução indiscriminada da população de morcegos. J Vet Med Ser B 50(10):469-472

Medellin RA (2003) Diversidade e conservação de morcegos no México: prioridades de investigação, estratégias e acções. Wildl Soc Bull 31:87-97

Mickleburgh, S.P., Hutson, A.M. & Racey, P.A. (1992). Old World fruit bats: an action plan for their conservation. Gland, Suíça, IUCN.

Mickleburgh SP, Hutson AM, Racey PA (2002) A review of the global conservation status of bats. Oryx 36(01):18-34

Mickleburgh S, Waylen K, Racey P (2009) Bats as bushmeat: a global review. Oryx 43(02):217- 234

Mildenstein, T.L. (2002). Habitat selection of large flying foxes using radio telemetry: Targeting conservation efforts in Subic Bay, Philippines. Universidade de Montana.

Mildenstein T, Tanshi I, Racey PA (2016) Exploração de morcegos para carne de animais selvagens e medicina. In: Voigt, CC, Kingston, T (eds) Bats in the Anthropocene: conservation of bats in a changing world. Springer International AG, Cham, pp 325-376.

Mildenstein, T.L., Stier, S.C., Nuevo-Diego, C.E. & Mills, L.S. (2005). Habitat selection of endangered and endemic large flying-foxes in Subic Bay, Philippines. Biological Conservation, 126(1): 93-102.

Morens, D.M., Folkers, G.K. & Fauci, A.S. (2004). The challenge of emerging and re-emerging infectious diseases (O desafio das doenças infecciosas emergentes e reemergentes). Nature, 430(6996): 242-249.

Morse, S.S. (1995). Factores na emergência de doenças infecciosas. Emergência de Doenças Infecciosas. Dis.,1(1): 715.

Olival KJ, Hayman DTS (2014) Filovírus em morcegos: conhecimento atual e direcções futuras. Vírus 6:1759-1788.

Paul Barnes (2013). Uma avaliação da atitude e do comportamento humano em relação ao *Pteropus rodricensis,* criticamente ameaçado de extinção página 27

Pooley S, Fa JE, Nasi R (2015) No conservation silver lining to Ebola. Conserv Biol 29(3):965- 967.

Pourrut X, Kumulungui B, Wittmann T et al (2005) A história natural do vírus Ébola em África. Microbes Infect/Inst Pasteur 7:1005-1014

Quammen D (2013) Spillover: animal infections and the next human pandemic. WW Norton & Company

Roberts BJ, Catterall CP, Eby P, Kanowski J (2012) Movimentos frequentes e de longa distância da raposa-voadora Pteropus poliocephalus: implicações para a gestão. PLoS ONE 7:e42532.

Saéz A.M, Weiss S, Nowak K, Lapeyre V, Zimmermann F et al (2015) Investigating the zoonotic origin of the West African Ebola epidemic. EMBO Mol Med 7(1):17-23.

Schneider MC, Romijn PC, Uieda W et al (2009) Raiva transmitida por morcegos vampiros para humanos: uma doença zoonótica emergente na América Latina? Rev panam de salud pùblica 25:260-269.

Streicker DG, Recuenco S, Valderrama W et al (2012) Ecological and anthropogenic drivers of rabies exposure in vampire bats: implications for transmission and control. Proc R Soc B 279:3384-3392.

Sulkin, S. & Allen, R.(1974). Infecções virais em morcegos. Monografias em Virologia, 8: 1-103.

Swensson, J.2005. Bushmeat trade in Techiman, Ghana, West Africa.Uppsala, Suécia, Universidade de Uppsala.

Taylor, L.H., Latham, S.M. & Woolhouse, M.E.J. (2001). Factores de risco para o aparecimento de doenças humanas. Royal Society Philosophical Transactions Biological Sciences, 356(1411): 983-989.

Towner JS, Amman BR, Sealy TK et al (2009) Isolamento de vírus de Marburgo geneticamente diversos de morcegos frugívoros egípcios. PLoS Pathog 5:e1000536

Turmelle, A.S. & Olival, K.J.(2009). Correlatos da riqueza viral em morcegos (ordem Chiroptera). Ecohealth,6(4): 522-539.

Vogel G (2014) Estarão os morcegos a espalhar o ébola pela África subsariana? Ciência 344:140

Woolhouse, M.E. & Gowtage-Sequeria, S.(2005). Gama de hospedeiros e agentes patogénicos emergentes e reemergentes. Emerg. Infect. Dis.,11(12): 1842-1847

Worobey, M., Gemmel, M., Teuwen, D.E., Haselkorn, T., Kunstman, K., Bunce, M., Muyembe, J.J., Kabongo, J.M., Kalengayi, R.M., Van Marck, E., Gilbert, M.T. & Wolinsky, S.M. (2008). Provas directas da grande diversidade do VIH-1 em Kinshasaby 1960. Nature,455(7213): 661664.

Organização Mundial de Saúde (2014) Doença do vírus Ébola, Ficha informativa. (http://www.who.int/mediace ntre/factsheets/fs103/en).

Wibbelt, G., Moore, M.S., Schountz, T. & Voigt, C.C. (2010). Doenças emergentes em Chiroptera: porquê morcegos? Biol. Lett.,6(4): 438-440. Woolhouse, M.E. & Gowtage-Sequeri sublineages ofH5N1 influenza virus in Asia: implications for pandemic control. Proc. Natl. Acad. Sci. USA,103(8): 2845-2850.

Yuninui N.M (1990).Relatório prático de iniciação na aldeia de Bambili. Um relatório de investigação, Escola Regional de Agricultura, Bambili. Camarões.

Zhou, J.Y., Hui-Gang, S., Chen, H.X., Tong, G.Z., Liao, M., Yang, H.C. & Liu, J.X.(2006). Caracterização de um vírus da gripe H5N1 altamente patogénico derivado de gansos com cabeça de bar na China. Jornal de Virologia Geral, 87: 1823-1833

Uma avaliação da atitude de conservação em relação aos morcegos na cidade de Bamenda, região noroeste, Camarões

Melle Ekane Maurice[*1] , Olle Ambe Flaubert[2] , Ekabe Quenter Mbinde[3] , Chah Nestor Mbah[4] [1]
Department OfEnvironmental Science, University ofBuea P.O. Box 63, Buea, Cameroon
melleekane@gmail. com

RESUMO

Em todo o mundo, as terras dedicadas à conservação da vida selvagem são geralmente de pequena dimensão devido às extensas áreas transformadas para fornecer alimentos, habitação e outros recursos à sociedade humana. Consequentemente, a conservação de espécies selvagens como os morcegos depende principalmente da sua capacidade e flexibilidade para persistir nesta paisagem modificada, particularmente no meio rural. O objetivo desta investigação foi examinar a atitude dos habitantes da cidade de Bamenda em relação aos morcegos. A recolha de dados foi efectuada através de questionários, administrados a 525 habitantes da zona de estudo. Os resultados deste inquérito revelaram uma correlação positiva, $R^2 = 0,874$ a $P < 0,05$ sobre o incentivo do governo nacional para a observação de morcegos. A classe etária e a observação de morcegos mostraram uma correlação positiva, $R^2 = 0,767$ a $P < 0,05$. A pontuação de 47,98% dos inquiridos mostrou que muitas pessoas podem estar muito interessadas na proteção da população de morcegos em Bamenda. Além disso, um resultado de 54,44% dos inquiridos era a favor da proteção dos morcegos para melhorar a conservação da fauna na área. Além disso, o estudo mostrou uma pontuação de 67,94% dos inquiridos sobre o conhecimento dos morcegos na cidade de Bamenda, enquanto 32,06% mostraram desconhecimento. A disparidade de conhecimento pode ser baseada no facto de que algumas pessoas na cidade de Bamenda são visitantes e podem não estar nesta cidade há muito tempo, daí o seu conhecimento sobre a existência de morcegos em algumas áreas da cidade, como o bairro da Estação Alta, ser insuficiente. Este estudo recomenda o lançamento de uma campanha de conservação intensiva pelo governo nacional para enriquecer profundamente a consciencialização e o interesse pela conservação dos morcegos junto da população desta área.

Palavras-chave: Espécies de vida selvagem, Observação de morcegos, Ambiente, Habitantes, Conservação,

INTRODUÇÃO

As atitudes e os valores de um indivíduo são os alicerces fundamentais do poder de uma sociedade para provocar uma mudança. A perceção pública tem um efeito importante na política governamental

e nas decisões de gestão das organizações que trabalham nessa comunidade. As atitudes e os valores colectivos da sociedade podem determinar o sucesso ou o fracasso de uma intervenção de conservação e existe um amplo consenso de que as atitudes e o comportamento humanos em relação à natureza devem ser compreendidos e muitas vezes influenciados, a fim de evitar uma maior perda de biodiversidade (Bjerke 1998). Existem mais de 1000 espécies de morcegos, que representam 20% de todas as espécies de mamíferos a nível mundial. Destas 1000 espécies, quase um quarto está globalmente ameaçado (Mickleburgh *et al.* 2002). Existem 167 espécies da subordem Megachiroptera, frequentemente designadas por "morcegos frugívoros do Velho Mundo". Em muitos casos, os morcegos representam uma proporção substancial da biodiversidade de mamíferos de um país; de facto, em algumas ilhas oceânicas, são os únicos mamíferos indígenas e desempenham um papel vital como espécies "chave" nos ecossistemas (Mickleburgh *et al.*2002). As principais ameaças globais aos morcegos são: perda ou modificação do habitat, perda ou perturbação dos locais de repouso, problemas de saúde, perseguição, falta de informação e sobre-exploração para fins alimentares (Mickleburgh *et al.* 2002). A pressão sobre os recursos vitais devido ao aumento da população humana, que leva à perda ou modificação dos habitats de alimentação e dos poleiros, é sem dúvida a maior ameaça para as espécies de morcegos. Além disso, os morcegos têm frequentemente uma imagem pública negativa que influencia a reação das pessoas a questões como o risco para a saúde humana e o conflito entre espécies de morcegos que consomem fruta e os produtores de fruta. A imagem pública negativa que os morcegos têm frequentemente, e a perseguição daí resultante, pode ser atribuída em parte ao facto de as pessoas desconhecerem a história de vida dos morcegos e o seu papel no ecossistema (Mickleburgh *et al.* 2002).

As populações de morcegos estão a diminuir em todo o mundo devido a um número crescente de factores, incluindo a perda e fragmentação do habitat, perturbações nos dormitórios, exposição a toxinas, pressões da caça humana e introdução de predadores (Racey, 1998; O'Donnell, 2000). Este facto torna difícil tirar conclusões gerais sobre a conservação dos morcegos, o que pode exigir planos de conservação específicos para cada espécie (Fenton, 1995). Os morcegos insectívoros são grandes consumidores de insectos noturnos, muitos dos quais são pragas economicamente importantes. Este facto apresenta razões ecológicas e económicas para a sua proteção (Pierson, 1998). Os morcegos podem transferir quantidades significativas de nutrientes para os ecossistemas, uma vez que o guano se acumula nos poleiros e se espalha pela paisagem enquanto os morcegos se alimentam (Pierson, 1998). Os morcegos são também componentes importantes dos ambientes cavernícolas, onde a acumulação de guano sustenta uma comunidade diversificada de invertebrados. Alguns grupos de morcegos podem ser indicadores úteis da perturbação e da qualidade do habitat (Medellin, *et al.*2000). Tal como a maioria dos esforços de conservação na América do Norte, a conservação dos morcegos tem-se centrado principalmente nos taxa raros e ameaçados (Pierson, 1998). No entanto, devido ao seu papel potencial no controlo das populações de insectos e na distribuição de nutrientes nas paisagens, Pierson (1998) argumentou que as espécies abundantes e generalizadas podem ser as mais importantes do ponto de vista ecológico e económico. No Reino Unido, a atenção foi recentemente direccionada para um plano nacional de conservação e gestão dos morcegos a nível da paisagem (Racey, 1998). As estratégias gerais resultantes deste esforço centraram-se principalmente em dados recolhidos sobre o morcego-comum (*Pipistrellus pipistrellus*), um dos morcegos mais comuns e abundantes na Europa (Racey, 1998).

No entanto, a razão mais comum para a caça de morcegos é, de longe, o consumo; todas as 167 espécies que são caçadas são, pelo menos em parte, procuradas pela sua carne como fonte de proteína. O valor da carne de morcego varia desde uma iguaria muito procurada servida em cerimónias especiais e celebrações tradicionais, como o *Pteropus mariannus* nas Ilhas Marianas, (Mildenstein 2012). Noutros locais, constitui uma fonte alternativa de proteínas para a população local, para quem a carne é um bem caro (Jenkins e Racey 2008) e, em casos extremos, os morcegos são consumidos como alimento de fome (Goodman 2006). A caça de morcegos para alimentação é comum nos Estados da África Ocidental e Central, onde pode constituir uma grande ameaça para as suas populações (Mickleburgh *et al.* 2009; Kamins *et al.* 2011). A caça frequente de morcegos está registada na República do Benim, Gana, Guiné, Libéria e Nigéria (Kamins *et al.* 2011; Dougnon *et al.* 2012), bem como nos Camarões, República do Congo, República Democrática do Congo (RDC), Guiné Equatorial e Gabão. No passado, também foram registados níveis elevados de caça em ilhas ao largo de África, Comores, Madagáscar, Maurícia e Rodrigues e São Tomé e Príncipe, bem como na Ilha de Pemba, na Tanzânia (Jenkins e Racey 2008; Carvalho *et al.* 2014), embora os esforços de conservação tenham reduzido esta pressão em algumas destas ilhas (Trewhella *et al.* 2005). Embora a caça ocasional de morcegos ocorra no Mali e na Zâmbia, quase não existe caça na África Oriental, excecto no leste do Uganda, e a caça de morcegos é rara na África do Sul (Mickleburgh *et al.* 2009). Os morcegos também são perseguidos devido a percepções negativas na Etiópia (Mickleburgh *et al.* 2009), mas esse não é o foco deste capítulo. A carne de morcego é uma iguaria tradicional nalgumas partes dos Camarões, razão pela qual as duas espécies mais comuns, *Coleura afra e Rousettus aegyptiacus,* são caçadas de forma generalizada e intensiva. Assim, este estudo centra-se na avaliação das atitudes dos habitantes da cidade de Bamenda relativamente à conservação dos morcegos.

MATERIAIS E MÉTODO

Descrição da zona de estudo

Bamenda é a capital da Região Noroeste dos Camarões, com uma população de aproximadamente 400 mil habitantes, situada entre a latitude 4° 50· - 5° 20· N e a longitude 10° 35· - 1U59· E. A altitude varia entre 950-1500 m acima do nível do mar, com planícies arborizadas em algumas zonas (Fig.1).

O sistema de drenagem é muito rico, com riachos e nascentes que emanam da faixa norte. A zona tem duas estações, a seca e a húmida, que vão de novembro a abril e de maio a outubro, respetivamente. A precipitação média anual é de cerca de 2200 mm, com julho, agosto e setembro a registarem a precipitação mais elevada e dezembro a mais baixa. Além disso, a temperatura média anual é de cerca de 20,6?oC, com janeiro e fevereiro a registarem as temperaturas mais elevadas e julho, agosto e setembro as mais baixas (Yuninui, 1990). As práticas agrícolas não sustentáveis destruíram em grande medida a vegetação florestal e esgotaram a fertilidade do solo. Da mesma forma, anos de sobrepastoreio, queima de gramíneas e aumento do tamanho dos rebanhos degradaram gravemente as manchas remanescentes de prados. De acordo com Yuninui (1990), a vegetação desta região é tanto natural como cultivada. A vegetação cultivada é constituída por árvores plantadas como a noz de cola, o eucalipto, a palmeira de ráfia e outras árvores de fruto. As espécies de vida selvagem nesta área são dominadas por aves, roedores e morcegos.

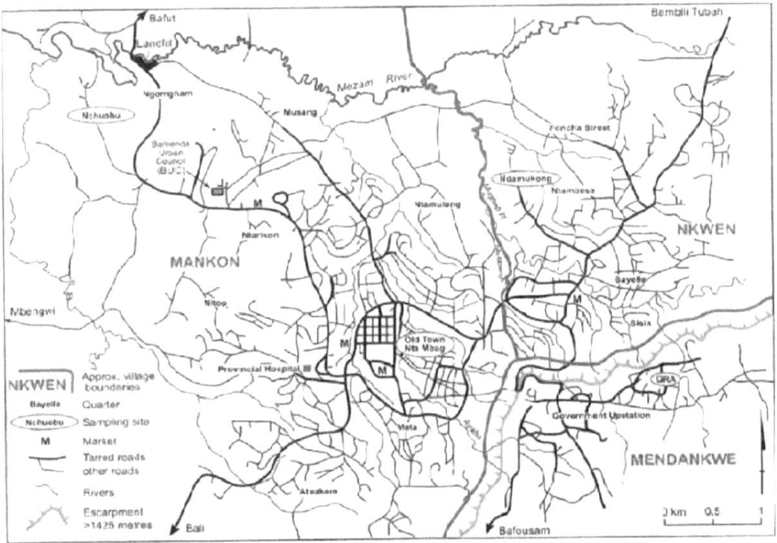

Fig.l; O mapa da cidade de Bamenda **Fonte:** Câmara Municipal de Bamenda (201 l)

Método de recolha de dados e análise

A recolha de dados consistiu em duas técnicas de amostragem: Amostragem selectiva e amostragem aleatória simples. A amostragem selectiva foi utilizada para atribuir as comunidades alvo do estudo (Ajabji *et al.,* 2008). As comunidades seleccionadas para a administração do questionário basearam-se na sua proximidade dos locais de repouso dos morcegos (Ajabji *et al.,* 2008). A língua utilizada na administração dos questionários foi o inglês, falado por quase todos os habitantes da cidade. Foi organizada uma reunião de planeamento em cada uma das comunidades-alvo antes do programa de administração do questionário. Isto facilitou a clareza e o conhecimento do objetivo do estudo e também encorajou os inquiridos a abrirem-se durante a administração do questionário. Foi feita uma entrevista oral juntamente com a administração do questionário aos inquiridos nas comunidades seleccionadas para o inquérito durante a amostragem. O inquérito também foi realizado numa entrevista individual em que o entrevistador preencheu o questionário com base nas respostas dos inquiridos, especialmente no caso dos inquiridos analfabetos. Esta abordagem ajudou a minimizar a incompreensão das perguntas por parte dos inquiridos, aumentando assim a fiabilidade da informação recolhida. Foi administrado um total de 525 questionários a inquiridos seleccionados sistematicamente para o exercício. Os dados recolhidos foram analisados utilizando a análise estatística do qui-quadrado e da correlação e os resultados foram apresentados em gráficos de barras e tabelas.

RESULTADOS

Os resultados deste estudo mostraram uma correlação positiva, $R^2 = 0,874$ a $P < 0,05$ na tabela 1. O papel desempenhado pelo governo nacional no incentivo à observação de morcegos é benéfico para a conservação da vida selvagem. O consumo de morcegos nos Camarões é bem conhecido e comum, mas este comportamento humano tem sido ultimamente encarado com receio devido à consciência de surtos de epidemias zoonóticas que podem afetar a população humana.

Quadro 1: Incentivo à observação de morcegos pelo Governo Nacional

Correlation Tests				
	Value	Asymp.Std Error[a]	Approx. T[b]	Approx. Sig. (2-sided)
Interval by Interval Pearson R	-.028	.042	-.612	.541[c]
Ordinary by Ordinal Spearman Correlation	.007	.044	-.158	.874[c]
Linear-by-Linear Association				
N of Valid Cases	496			

a. Não assumir a hipótese nula.

b. Utilizar o erro padrão assintótico assumindo a hipótese nula.

c. Com base numa aproximação normal.

A classe etária e a observação de morcegos mostraram uma correlação positiva, $R^2 = 0,767$ a $P < 0,05$ na tabela 2. Curiosamente, todas as classes etárias demonstraram um prazer invulgar na observação de morcegos nos locais de repouso por lazer. No entanto, este reconhecimento pode ser momentâneo, uma vez que as pessoas que foram observadas nos locais de empoleiramento dos morcegos estavam antes a matar morcegos e não a observar, como afirmado. Também se verificou que a idade influencia a atitude de forma semelhante às diferenças entre homens e mulheres, embora isto tenha sido postulado como um efeito de coorte em vez de um efeito maturacional (Kellert & Berry 1987) devido ao facto de as atitudes e decisões de comportamento ao longo da **vida em** relação aos animais selvagens se basearem em experiências da infância (Mulder, 2009).

Quadro 2: Classe etária e observação de morcegos

Correlation Tests				
	Value	Asymp.Std Error[a]	Approx. T[b]	Approx. Sig. (2-sided)
Interval by Interval Pearson R	- .013	.045	.296	.767[c]
Ordinary by Ordinal Spearman Correlation	.013	.045	.296	.767[c]
Linear-by-Linear Association				
N of Valid Cases	496			

a. Não assumir a hipótese nula.

b. Utilizando o erro padrão assintótico assumindo a hipótese nula, c. Com base na aproximação normal.

A pontuação de 47,98% dos inquiridos mostrou que muitas pessoas estão muito interessadas na proteção da população de morcegos em Bamenda (fig.2). As razões podem ser que isto atrairia projectos de conservação de ONGs, o que certamente reduziria o desemprego no país. Por outro lado, os turistas locais e internacionais seriam atraídos para esta região, o que permitiria a entrada de dinheiro na economia local. No entanto, 32,39% dos inquiridos rejeitaram a ideia da conservação dos morcegos para aumentar a sua população. As razões para tal podem dever-se à legislação de conservação que prevê pesadas sanções para as vítimas de caça furtiva sempre que forem apanhadas a matar estes morcegos para consumo. Outras razões podem ser baseadas no incómodo dos morcegos, especialmente durante a noite, nos seus locais de repouso, onde se acredita que criam frequentemente um ambiente ruidoso e malcheiroso nas zonas residenciais humanas. No entanto, deve também notar-se que a proteção e a conservação dos morcegos enfrentam enormes desafios, com base na perda de habitats naturais ou semi-naturais e na introdução de novos usos do solo, que tiveram impactos profundos nos conjuntos faunísticos em países de todo o mundo. Estes impactos na fauna nativa têm sido particularmente pronunciados em ambientes agrícolas, devido à extensão da perda de habitat que ocorreu e à intensidade das novas utilizações do solo que foram impostas (Harris e Woollard, 1990; Warkentin *et al.*, 1995; Fuller *et al.*, 1997). Além disso, as alterações na qualidade dos habitats naturais remanescentes (Daily *et al.*, 2001; Ford *et al.*, 2001) e o seu padrão na paisagem (Luck, 2003) também influenciam o estado da fauna. A capacidade das espécies para persistirem nas paisagens rurais varia muito e é influenciada pelo grau de dependência dos diferentes taxa em relação aos habitats naturais para a obtenção de recursos, como a procura de alimentos e a reprodução, e pela sua capacidade de utilizar habitats modificados ou novas utilizações do solo que ocorram no ambiente.

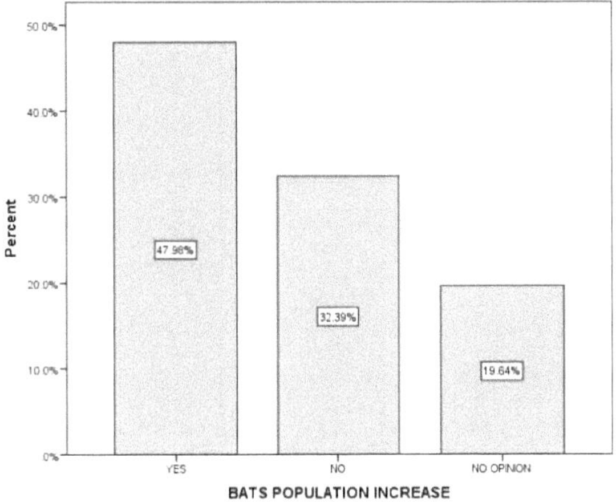

Fig.2: O aumento da população de morcegos

De acordo com a figura 3, 54,44% dos inquiridos são a favor da proteção dos morcegos para melhorar a conservação da fauna. Este grupo de pessoas acredita firmemente que haverá um benefício a longo prazo se a conservação da fauna for melhorada. Em países de todo o mundo, as terras dedicadas à conservação da biodiversidade são geralmente pequenas em comparação com as extensas áreas transformadas para fornecer alimentos, habitação e outros recursos à sociedade humana. Consequentemente, a conservação de muitas espécies depende da sua capacidade de persistir em paisagens modificadas, particularmente em ambientes rurais dominados pela produção de gado, culturas e outros produtos agrícolas. Nessas paisagens, ocorre tipicamente um mosaico de habitats naturais, semi-naturais e recém-estabelecidos, incluindo manchas de floresta ou bosque, plantações de árvores, sebes ou cercas vivas, vegetação ribeirinha e à beira da estrada, zonas húmidas, jardins e árvores dispersas ou isoladas na matriz das terras agrícolas (Verboom e Huitema, 1997; Daily *et al.*, 2001). Um desafio premente é a necessidade de compreender quais os componentes da flora e da fauna que podem (e quais os que não podem) persistir nestas paisagens, quais os factores que influenciam a sua persistência em determinados elementos da paisagem e como é que o mosaico de terras pode ser gerido de forma mais eficaz para a conservação da biodiversidade no contexto da produção agrícola. Os morcegos podem ser utilizados com sucesso para promover a conservação da vegetação remanescente Os morcegos podem ser utilizados com sucesso como um foco de actividades de extensão para promover a importância da vegetação remanescente em ambientes rurais. Os morcegos são pouco conhecidos da comunidade em geral e, sendo noturnos, raramente são vistos pelos proprietários rurais. No entanto, a maioria das pessoas acha-os fascinantes quando têm a oportunidade de aprender mais sobre eles e de os ver de perto.

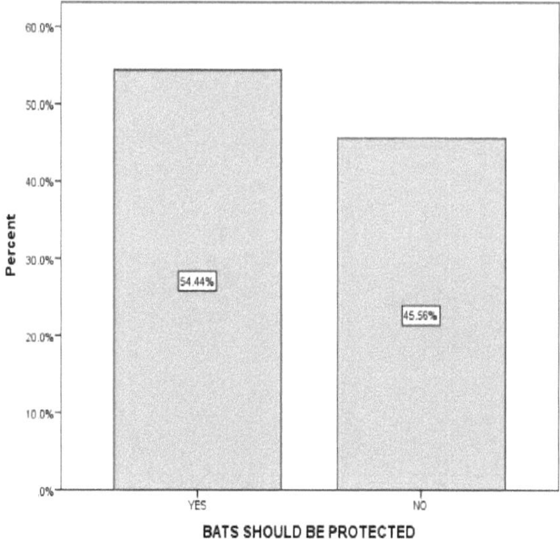

Fig.3: A proteção dos morcegos

O estudo mostrou uma pontuação de 67,94% dos inquiridos sobre o conhecimento dos morcegos na cidade de Bamenda, enquanto 32,06% mostraram desconhecimento (fig.4). A disparidade de conhecimento pode ser baseada no facto de que algumas pessoas na cidade de Bamenda são visitantes e podem não estar nesta cidade há muito tempo, daí o seu conhecimento sobre a existência de morcegos em algumas áreas da cidade, como o bairro da Estação Alta, ser insuficiente. As pessoas estão geralmente conscientes da presença de morcegos perto das suas comunidades locais. Os morcegos não são animais crípticos, especialmente os morcegos frugívoros que se agregam em grande número durante o dia, utilizando locais de repouso visíveis, e que frequentemente forrageiam durante a noite em árvores frutíferas e floridas em quintas e em áreas residenciais. Assim, o conhecimento que as populações locais têm dos morcegos ultrapassa muitas vezes o dos biólogos externos, especialmente no que diz respeito aos locais de dormitório dos morcegos, aos hábitos de forrageamento, aos comportamentos sazonais e até mesmo às ameaças, à consciência que os membros da comunidade local têm das mudanças sazonais subtis nos morcegos frugívoros, Mildenstein e Mills (2013). É, portanto, surpreendente o quão pouco se sabe sobre o estado de conservação dos morcegos nestas mesmas áreas. O tamanho da população e as tendências de crescimento tendem a ser desconhecidos pelos biólogos e gestores, e muito menos pelos membros não científicos da comunidade local. Assim, embora as pessoas locais estejam conscientes da perturbação que podem estar a causar, muitas vezes não fazem ideia da gravidade das consequências a nível populacional.

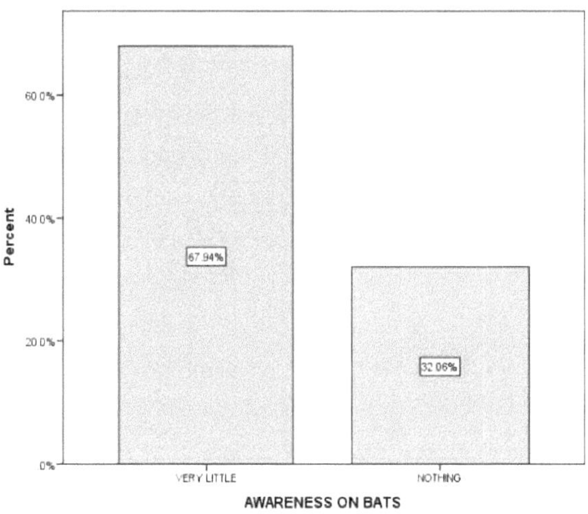

Fig.4: A consciência da existência de morcegos

DISCUSSÃO

As populações de morcegos estão a diminuir em todo o mundo devido a um número crescente de factores, incluindo a perda e fragmentação do habitat, perturbações nos dormitórios, exposição a toxinas, pressões da caça humana e introdução de predadores (Pierson, 1998; Racey, 1998; O'Donnell, 2000). Este facto torna difícil tirar conclusões gerais sobre a conservação dos morcegos, o que pode exigir planos de conservação específicos para cada espécie (Fenton, 1995). Os morcegos insectívoros são grandes consumidores de insectos noturnos, muitos dos quais são pragas economicamente importantes. Este facto apresenta razões ecológicas e económicas para a sua proteção (Pierson, 1998). No entanto, devido ao seu papel potencial no controlo das populações de insectos e na distribuição de nutrientes nas paisagens, Pierson (1998) argumentou que as espécies abundantes e generalizadas podem ser as mais importantes do ponto de vista ecológico e económico. Os morcegos parecem ser menos gravemente afectados por alterações na utilização dos solos do que outros grupos de vertebrados, como as aves e os répteis (Bennett *et al.*, 1998). Os pequenos remanescentes e as árvores dispersas em terrenos agrícolas têm um valor inferior como habitat para algumas outras espécies, porque a área pode ser demasiado pequena para um único território, demasiado pequena para sustentar uma população, sujeita a taxas de predação mais elevadas ou porque as práticas de utilização dos solos, como o pastoreio de gado, degradaram o habitat (Major *et al.*, 1999; Watson *et al.*, 2003). Há uma série de factores que contribuem para que os morcegos sejam menos gravemente afectados. Em primeiro lugar, a escala dos movimentos efectuados pelos morcegos permite-lhes deslocar-se amplamente na paisagem e obter recursos de múltiplos elementos da paisagem.

Existem muitas ameaças à conservação dos morcegos microchiropteros em todo o mundo (Racey e Entwistle, 2003). Embora algumas espécies possam ser ameaçadas por processos naturais, como os ciclones (Rodriguez-Duran e Vazquez, 2001), a grande maioria das ameaças resulta de actividades humanas. Estas podem ser ameaças directas, como a perturbação dos dormitórios em grutas, a remoção de árvores utilizadas como dormitórios e habitat de alimentação, ou a caça e a perseguição. As ameaças indirectas aos morcegos incluem a predação ou a competição por espécies introduzidas e o envenenamento secundário por pesticidas e outros poluentes (Pierson, 1998; Racey e Entwistle, 2003). A intervenção humana é necessária para melhorar o impacto destas ameaças, se quisermos assegurar a conservação a longo prazo da nossa fauna nativa. Para tal, precisamos de uma base de informação sólida que nos permita formular políticas e decisões de gestão. Uma das principais ameaças às populações de morcegos a nível mundial é a perda, modificação e fragmentação dos habitats naturais devido ao desenvolvimento agrícola (Racey e Entwistle, 2003).

As pessoas estão geralmente conscientes da presença de morcegos perto das suas comunidades locais. Os morcegos não são animais crípticos, especialmente os morcegos frugívoros que se agregam em grande número durante o dia, utilizando locais de repouso visíveis, e muitas vezes forrageiam à noite em árvores frutíferas e floridas em quintas e em áreas residenciais. Assim, o conhecimento que as populações locais têm dos morcegos ultrapassa muitas vezes o dos biólogos externos, especialmente no que diz respeito aos locais de dormitório dos morcegos, hábitos de forrageamento, comportamentos sazonais e até ameaças Mildenstein e Mills (2013). É, por isso, surpreendente o pouco que se sabe sobre o estado de conservação dos morcegos nestas mesmas áreas. O tamanho da população e as tendências de crescimento tendem a ser desconhecidos pelos biólogos e gestores, e muito menos pelos membros não científicos da comunidade local. Assim, embora as pessoas locais estejam conscientes da perturbação que podem estar a causar, muitas vezes não fazem ideia da gravidade das consequências a nível populacional. Como os morcegos parecem ser numerosos, a crença popular é que os humanos podem ter um impacto mínimo nas suas populações.

Os morcegos que se empoleiram em edifícios, grutas e minas são particularmente vulneráveis à perturbação e exclusão humanas. A perturbação humana dos poleiros, incluindo as actividades dos investigadores, pode ter efeitos deletérios nas populações de morcegos residentes (Tuttle & Stevenson, 1982). Por exemplo, Tuttle (1975) referiu que as perturbações das colónias de maternidade de morcegos cinzentos (*Myotis grisescens*) podem resultar numa grande mortalidade das crias, que podem ser abandonadas pelas fêmeas em fuga. Os morcegos que se empoleiram em grutas e minas são também vulneráveis a perturbações ambientais, inundações e colapsos estruturais.

Com alguma previsão, o colapso estrutural e as inundações podem ser evitados, embora a proteção de todos os poleiros não seja provavelmente viável. As grutas e minas que albergam grandes populações ou uma elevada diversidade de espécies deveriam ser avaliadas a nível estatal e merecer uma atenção especial. Os morcegos que se empoleiram em edifícios são frequentemente considerados incómodos e são vulneráveis a tentativas de exclusão e erradicação (Williams & Brittingham, 1997).

Os morcegos são particularmente vulneráveis aos efeitos da caça por uma série de razões. Têm uma vida longa para o seu tamanho corporal (Racey 2015) e reproduzem-se lentamente, geralmente com uma cria por ano. Têm uma taxa de crescimento fetal lenta e longos períodos de gestação (Racey e Entwistle 2000). As fêmeas e os morcegos jovens são, portanto, sensíveis à perturbação causada pela caça durante uma grande parte do ano. Os morcegos são noturnos, o que os torna susceptíveis de serem caçados nos seus locais de repouso durante o dia, quando os humanos os conseguem encontrar facilmente. Isto é especialmente preocupante para os morcegos frugívoros muito procurados no Velho Mundo, que tendem a empoleirar-se de forma conspícua, agregando-se em grande número no dossel da floresta (Mildenstein *et al.* 2008). Quer as colónias se encontrem em cavernas, falésias ou árvores, a caça no local de repouso pode afetar toda a colónia. Por último, as colónias de morcegos caracterizam-se por uma elevada fidelidade ao local de repouso (Banack 1996; Brooke *et al.* 2000; Gumal 2004; Stier e Mildenstein 2005). Assim, os morcegos podem ter relutância em sair quando a caça começa e podem ter dificuldade em encontrar locais de repouso alternativos depois de fugirem dos caçadores. Como é provável que os morcegos acabem por regressar ao local de repouso preferido, são presas previsíveis para os caçadores. O efeito global da caça nos locais de repouso é a redução das densidades populacionais de morcegos para uma fração da capacidade de carga local (Mildenstein 2012).

CONCLUSÃO

A conservação dos morcegos não foi alvo de atenção por parte da investigação no passado, pela simples razão de que a sua população nunca foi considerada ameaçada. No entanto, devido ao declínio alarmante da sua população nos Camarões, em resultado da agricultura, da caça e de outras actividades antropogénicas semelhantes, é necessário considerar o reforço da conservação dos morcegos. O abate descontrolado de morcegos em todo o país para fins alimentares, negligenciando o papel ecológico desempenhado na regeneração das florestas, tal como qualquer outra espécie de vida selvagem, exigiu um interesse de investigação sobre a sua estrutura populacional, distribuição ecológica e, mais importante ainda, sobre os conhecimentos de conservação para uma gestão eficaz. Considera-se que a campanha de comunicação social lançada pelo governo nacional para sensibilizar o público para a possibilidade de surtos de doenças zoonóticas provocadas pela ingestão de morcegos desempenha também um importante papel de conservação. O receio de contrair uma infeção viral como o ébola a partir dos morcegos parece ter desencorajado em grande medida a população consumidora de morcegos, embora muitas pessoas duvidem e ignorem esta investigação, argumentando que não é verdade.

REFERÊNCIA

Ajabji, S., Tendem, P. e Nkembi, L. (2008). Um relatório socioeconómico para as aldeias adjacentes à floresta de Bechati Fossimondi-Besali. Relatório final do projeto apresentado ao WWF Netherland, USFish and Wildlife Service e Tusk Trust UK. Buea, Camarões.

Câmara Municipal de Bamenda (2011). O mapa da cidade de Bamenda.

Banack SA (1996) Raposas voadoras, género *Pteropus*, nas Ilhas Samoa: interacções com as comunidades florestais. Dissertação. Universidade da Califórnia, Califórnia.

Bennett, A., Brown, G., Lumsden, L., Hespe, D., Krasna, S. e Silins, J. (1998).Fragments for the Future. Wildlife inthe Victorian Riverina (the Northern Plains).Department of Natural Resources and Environment, East Melbourne.

Bjerke, T., 1998. Atitudes em relação aos animais entre adolescentes noruegueses de People & Animals, 11(2), pp.79-86.

Brooke AP, Solek C, Tualaulelei A (2000) Roosting behavior of colonial and solitary flying foxes in American Samoa (Chiroptera: Pteropodidae). Biotropica 32(2):338-350.

Carvalho M, Palmeirim JM, Rego FC et al (2014) O que motiva os caçadores a visar espécies exóticas ou endémicas na ilha de São Tomé, Golfo da Guiné? Oryx 1-9.

Daily, G.C., Ehrlich, P.R. e Sanchez-Azofeifa, G.A. (2001). Biogeografia do campo: uso de habitats dominados pelo homem pela avifauna do sul da Costa Rica. EcologicalApplications 11: 1-13.

Dougnon TJ, Djossa BA, Youssao I et al (2012) Bats as bushmeat in Benin: yield in carcass and meat quality of the fruit bats *Eidolon helvum* (Kerr, 1792) and *Epomophorus gambianus* (Ogilby, 1835). Int J Sci Adv Technol 2:81-90.

Fenton, M.B. (1995). Constrangimento e flexibilidade - morcegos como predadores, morcegos como presas. Symposia of the Zoological Society London 67: 277-289.

Ford, H.A., Barrett, G.W., Saunders, D.A. e Recher, H.F. (2001). Why have birds in the woodlands of southern Australia declined? Biological Conservation 97: 71-88.

Fuller, R.J., Trevelyan, R.J. e Hudson, R.W. (1997). Modelos de composição da paisagem para populações de aves nidificantes em terras agrícolas de planície inglesas durante um período de 20 anos. Ecografia 20: 295-307.

Gumal MT (2004) Diurnal home range and roosting trees of a maternity colony of *Pteropus vampyrus natunae* (Chiroptera: Pteropodidae) in Sedilu, Sarawak. J Trop Ecol 20:247-258.

Harris, S. e Woollard, T. (1990). The dispersal of mammals inagricultural habitats in Britain. Pp. 159-188. Em Species Dispersal in Agricultural Habitats. Bunce, R.G.H. e Howard, D.C. (Eds.). Belhaven Press, Londres.

Jenkins RK, Racey PA (2008) Bats as bushmeat in Madagascar. Madagascar Conserv Dev 3(1):22-30.

Kamins AO, Restif O, Ntiamoa-Baidu Y et al (2011) Uncovering the fruit bat bushmeat commodity chain and the true extent of fruit bat hunting in Ghana, West Africa. Biol Conserv 144:3000-3008.

Kellert, S.R. & Berry, J.K., 1987. attitudes , knowledge , and behaviors towards wildlife as affected by gender. wildlife society bulletin, 15, pp.363-371

Luck, G.W. (2003). Differences in the reproductive success and survival of the rufous treecreeper (Climacteris rufa) between a fragmented and unfragmented landscape. Biological Conservation 109: 1-14.

Major, R.E., Christie, F.J., Gowing, G. e Ivison, T.J. (1999). Age structure and density of red-capped robin populationsvary with habitat size and shape. Journal of Applied Ecology 36: 901-908.

Mickleburgh, S.P., Hutson, A.M. & Racey, P.A., 1992. Old World Fruit Bats: An action Plan for their Conservation,

Mildenstein TL (2012) Conservation of endangered flying foxes in the Philippines: effects of anthropogenic disturbance and research methods for community-based conservation. Tese de doutoramento, Universidade de Montana, Estados Unidos.

Mildenstein TL, Mills LS (2013) Conservação dos morcegos frugívoros das Marianas através da investigação e do reforço das capacidades locais. Relatório final para o Acordo de Cooperação Número: N40192-11-2-8005, preparado para a NAVFAC Marianas.

Medellin, R.A., Equihua, M. e Amin, M.A. (2000). Diversidade e abundância de morcegos como indicadores de perturbação em florestas tropicais neotropicais. Conservation Biology 14:16661675.

Mildenstein T, Carino A, Paul S (2008). *Acerodon jubatus*. A Lista Vermelha de espécies ameaçadas da IUCN.

Mulder, M.B. 2009. Knowledge and attitudes of children of the Rupununi: Implications for conservation in Guyana (Conhecimentos e atitudes das crianças do Rupununi: Implicações para a conservação na Guiana). Biological Conservation, 142(4), pp.879-887

O'Donnell, C.F.J. (2000). Influence of season, habitat, temperature, and invertebrate availability on noturnal activity ofthe New Zealand long-tailed bat (*Chalinolobus tuberculatus*). New Zealand Journal of Zoology 27: 207-221.

Pierson, E.D. (1998). Tall trees, deep holes, and scarred landscapes: conservation biology of North American bats. Pp. 309-325. Em Bat Biology and Conservation. Kunz, T.H. e Racey, P.A. (Eds.). Smithsonian Institution Press, Washington.

Racey, P.A. (1998). Ecology of European batsin relation to their conservation. Pp.249-260. Em Bat Biology and Conservation. Kunz, T.H. e Racey, P.A. (Eds.). Smithsonian Institution Press, Washington.

Racey PA, Entwistle AC (2000) Life history and reproductive strategies in bats. In: Crighton E, Krutzsch PH (eds) Reproductive biology ofbats. Academic Press, NY, pp 363-414.

Racey, P.A. e Entwistle, A.C. (2003). Conservation ecology of bats. Pp. 680-743. Em Bat Ecology. Kunz, T.H. e Fenton, M.B. (Eds.). The University of Chicago Press, Chicago.

Reid, N. e Landsberg, J. (1999). Declínio de árvores em paisagens agrícolas: o que estamos a perder. Pp. 127-166. Em Temperate Eucalypt Woodlands in Australia: Biology, Conservation, Management and Restoration. Hobbs, R.J. e Yates, C.J. (Eds.). Surrey Beatty & Sons, Chipping Norton.

Rodriguez-Duran, A. e Vazquez, R. (2001). O morcego Artibeus jamaicensis em Porto Rico (Índias Ocidentais): sazonalidade da dieta, atividade e o efeito de um furacão. Ata Chiropterologica 3: 53-61.

Stier S.C, Mildenstein TL (2005) Dietary habits of the world's largest bats. J Mammal 86:719728.

Trewhella WJ, Rodriguez-Clark KM, Corp N et al (2005) Environmental education as a component of multidisciplinary conservation programmes: lessons from conservation initiatives for critically endangered fruit bats in the Western Indian Ocean. Conserv Biol 19:75-85.

Tuttle, M.D. (1976). Ecologia populacional do morcego cinzento (Myotis grisescens): factores que influenciam o crescimento e a sobrevivência das crias recém-volantes. Ecologia 57: 587-595.

Tuttle, M.D. e Stevenson, D. (1982). Crescimento e sobrevivência dos morcegos. Pp. 105-150. Em Ecology ofBats. Kunz, T.H. (Ed.). Plenum Press, Nova Iorque.

Warkentin, I.G., Greenberg, R. e Ortiz,J.S. (1995). Utilização por aves canoras de matas de galeria em paisagens recentemente desbravadas e mais antigas da Selva Lacandona, Chiapas, México. Conservation Biology 9: 1095-1106.

Watson, J., Watson, A., Paull, D. e Freudenberger, D. (2003). A fragmentação da floresta está a causar o declínio de espécies e grupos funcionais de aves no sudeste da Austrália. Pacific Conservation Biology 8: 261-270.

Williams, L.M. e Brittingham, M.C. (1997). Seleção de poleiros de maternidade por morcegos castanhos grandes. Journal of Wildlife Management 61: 359-368.

Verboom, B. e Huitema, H. (1997). A importância dos elementos lineares da paisagem para o morcego pipistrellus pipistrellus e o morcego serotina Eptesicus serotinus. Landscape Ecology 12: 117-125.

Yuninui N.M (1990).Relatório prático de iniciação na aldeia de Bambili. Um relatório de investigação, Escola Regional de Agricultura, Bambili. Camarões.